李志豪 法式香甜

維也納菓子麵包

VIENNOISERIE

融 化 舌 尖 的 甜 點 麵 包 美 學

麵包職人 李志豪 ——著

／推薦序

　　我與志豪初次見面於5年前，當時的志豪剛從日本回台灣且剛開始飯店的工作。

　　對他的第一印象是一個帶著天真無邪的笑臉，卻又帶著一絲對工作時因謹慎而顯露出緊張感的男孩。進一步與他交談時，更發現他說著一口流利的日文，除了留日期間習得的專業素養與技術，對於許多日本職場與社會文化上細節的了解也讓我十分的訝異。

　　後來有機會共事時，我發現志豪在味覺上的敏感與細膩度與我非常的相投，著實令我感到非常的驚訝。當時以職人的觀點來說，剛認識志豪的我在心中默默的認為將來與他一定可以合作愉快，而後來我們也真的一同共事了。

　　志豪除了在工作上具有良好的效率，研發出來的產品亦極富商品價值，很多商品從不同視角來說都非常有可看性，比賽固然是重要的事情，但最重要的就是將自己的產品介紹給全世界。在我眼中，烘焙世界裡的志豪，就像是個在大草原（廚房）上馳騁玩耍（製作麵包）的少年。

　　這本書所有的產品都是志豪親身經歷後所研發設計，而且是消費者可以在家自行製作出來的產品，我相信只要多下點工夫，大家也能自行製作出相同的產品。相信大家也可以像他一樣在大草原上盡情的馳騁玩耍。

648471むしやしないオーナーパティシエ
豆乳パティシエ/植物性料理研究家

yukiko.tono

作為一家麵包培訓學校，我們收集過也讀過很多麵包類的書籍，但是志豪師傅的這本書，可謂是不得不讀的專業麵包書籍之一。從製作麵團基礎材料的講解，酵種的培養到人氣產品再到創新性的新品，每一個操作步驟的細節都呈現的淋漓盡致，不論是麵包烘焙的新手或是專業職人，都非常適用。更重要的是在這本書裡，同時可以感受到對傳統的敬意與別具匠心的創新。

讀一本書就像在讀一個人，這本書不僅帶給我們製作日式麵包的技術技巧，也感受到了志豪師傅骨子裡，就散發出的那份對麵包這個小生命的痴迷與專業，對這份事業的堅持，並致力把這份熱愛與專業傳遞給麵包路上更多的同行者。

有人說廚師是音樂家，糕點師是畫家，麵包師是科學家。希望收藏志豪師傅這本書的朋友們，都可以成為自己心中的那個家。

麵包研修社技術合夥人
王子

認識志豪師傅到現在，對他最深刻的職業印象莫過於他對於烘焙的熱情與執著，始終寄情於各種食材的搭配與製法，尋找出最佳的組合，進而創造出最美味的麵包。

第二本書中涵蓋丹麥、千層、布里歐、甜麵包類等特色麵包，非常適合烘焙的愛好者，相信志豪師傅對麵包的創新與熱愛，可以帶給烘焙專業職人在技術與創意上的激發與靈感來源。

2015 Mondial du Pain法國世界麵包大賽
總冠軍

陳永信

Special Thanks

本書能順利的拍攝完成，特別感謝：

場地、原料提供／星享道酒店、總信食品有限公司、德麥食品股份有限公司、開元食品工業股份有限公司、友盟企業有限公司

拍攝協助／于櫻綺、賴富宏、劉君倫、王家輝、陳佳欣、王金平、廖育賢、邱文平師傅，總信烘焙廚房助理

Preface

廣義來說，維也納麵包是一種麵包種類的大統稱，包含布里歐、可頌、丹麥、千層這些，都歸納在維也納麵包的範疇。柔軟香甜，蓬鬆、酥香，不同種類的口感風味別具外，華美外型更是變化多端，舉凡柔軟綿密的布里歐麵包、鬆脆富層次的可頌與丹麥麵包、高油量的千層酥皮，這些為大家熟知的經典美味，在書中全都網羅。

書中除了就維也納麵包的由來分類介紹，還就各種性質的麵團，詳細的講解其製作過程及手法。並依據麵包不同的特性，就口感做更深入的瞭解與分析，為維也納麵包帶入更多故事性，讓讀者在製作出獨特的美味同時，也能更深入的瞭解構成維也納麵包其完美層次的緊密關係。此外，也就在家操作的受限考量，針對配方做更合適的調整，讓讀者在家也能無障礙的學習，可以盡情享受酥層美味的烘焙樂趣。

在這一千多天的日子裡，我持續不斷在麵包的路上前進著，疫情肆虐的影響下，我也在有限的情況之下突破自己，為自己做了一番轉變成立自己的工作室，也希望透過這樣的傳遞分享，可以讓更多人一同體會麵包的日日美好。

雖說，維也納中的酥層麵包相較起一般麵包更深具技術性，但也如同製作高質感的麵包一樣熟能生巧。希望藉由《法式香甜維也納菓子麵包》這本書與大家分享個人的經驗，有助於您在酥層麵包的烘焙旅程。

CH PAIN PAIN 主理人

Contents

推薦序 02
序 04
法式香甜，維也納風味菓子麵包.08
麵包的基本材料 10
製作的基本工具 18
本書使用的模型 20
製作麵包的基礎知識 22

Chapter **01**
歷久彌新的布里歐

布里歐國王吐司 38
凱撒咕咕洛夫 40
杏桃情人吐司麵包 42
肉桂焦糖麵包卷 45
布里歐花冠 50
修士布里歐 52
焦糖杏仁布里歐 54
布里歐珍珠辮子 56
蘋果玫瑰花卷 59
聖特羅佩塔 62
杏仁巧克力 64
焦糖檸檬維也納 66

蕾夢糖霜葡萄卷 68
潘朵洛黃金麵包 71
克蘭茲特翰 74
史多倫聖誕麵包 79
潘那朵妮 82

Chapter **02**
折疊手藝的可頌丹麥

○可頌丹麥
大溪地卡士達丹麥 90
蔬活培根丹麥 93
莓果糖霜丹麥 96
蜜糖蘋果丹麥 99

冰淇淋丹麥.............................102
巧克力柑橘丹麥.......................104
黃金流沙可頌...........................108
繽紛雙色可頌...........................111
凹凹の抹茶包...........................114
芒果吉士星花...........................118
栗子蒙布朗丹麥.......................122
水果香頌丹麥...........................125

○千層

法式國王餅...............................128
蘋果澎派..................................131
香草鳳梨金角酥.......................134
巴塔乳酪球...............................136
細雪莓果千層...........................140
心心相映蝴蝶酥.......................144

Chapter 03

維也納風的菓子麵包

○日式菓子麵包

紅龍蜜覓天使圈.......................149
玫瑰草莓美濃...........................152
雲朵蛋麵包...............................154
熔岩珍珠巧克力.......................156
魔力法米滋...............................159
橙桔香菲..................................162
黑糖Q心麻吉...........................164
莓果森林物語...........................168

○台式菓子麵包

麻芛杏仁墨西哥.......................171
蔥爆辮子花結...........................174
帕瑪森哈姆起司.......................176
起酥肉鬆金磚...........................178
芋金香波蘿山形.......................181

Basic基本酵種、麵團

魯邦種......................................26
法國老麵..................................28
葡萄菌水..................................29
基本布里歐麵團A.....................36
基本布里歐麵團B.....................48
基本丹麥麵團C.........................88
基本千層麵團D.......................138
基本甜麵團E...........................148
基本甜麵團F...........................158

特別講究的食材用料...................16
基本的美味內餡........................30
基本的美味淋醬........................32
丹麥造型的變化........................92

麵包的基本材料

麵粉Flour

麵粉內含蛋白質，依其比例的高低，可分為高、中、低筋。製作麵包最常使用高筋麵粉；但依據麵包種類的不同，常會搭配不同的麵粉使用。至於法國粉的分類type45、type55、type65，是以灰分（礦物質含量）為分別，非以筋性（蛋白質含量）來分，講究發酵風味類屬的，較適合灰分較多的粉類。

酵母Yeast

幫助麵團發酵膨脹的重要材料。酵母發酵會生成二氧化碳，致使體積膨脹，而發酵反應中生成的微量酒精與有機酸，則會為麵包帶出不同的酸度風味。酵母的種類依水分含量的多寡，分為新鮮酵母、乾酵母與速發乾酵母。依不同的麵包種類及製法，使用的酵母種類及用量也有所不同。

水Water

麵粉中加入水可以幫助麩質成形，基本上使用一般的飲用水即可。但依麵團種類的不同會使用奶水、牛奶等搭配，例如特別強調風味的布里歐麵團有些會以牛奶來取代水使用；另外在攪拌過程中為調節溫度，也會使用冰水、或溫水來調整。

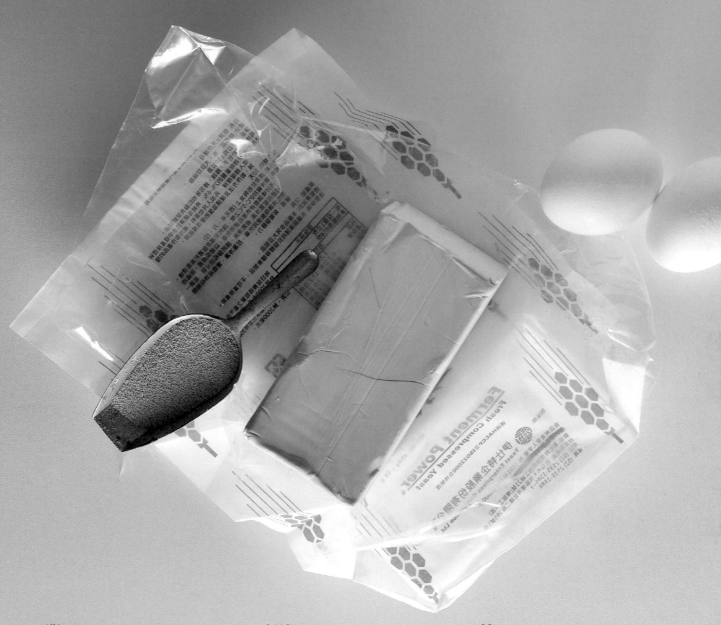

鹽Salt

平衡味道增加風味外，還有強化筋度緊實麵團，加強彈性、抑制過度發酵的作用。若不加鹽，麵團易過度濕軟，不易塑型。本書使用的是含礦物質份量多的岩鹽，也可用其他鹽來代替。

蛋Egg

加入麵團中可讓麵團保有水分，還可增加麵團的蓬鬆度，風味、香氣與表面烤色光澤。

奶油Butter

有使麵筋潤滑的作用，可增加麵團延展性，能助於膨脹完成的質地細緻柔軟。油脂的成分會阻礙筋性的形成，因此高油量的多會在筋性形成後再加入麵團中攪拌。

乳製品Milk

添加麵團中，可為麵團帶出柔軟地質、濃郁的口感香氣，也可讓烘烤後的表面烤色富光澤。

糖Sugar

增加風味甜度外，也是提升酵母養分的來源，能促進酵母發酵，增添麵包的蓬鬆感；而烘烤後引發的梅納反應則能促使表面上色成金黃色澤。

其他Other

堅果、果乾，以及各式風味用粉、辛香料等，加入麵團中製作，可增添風味、色澤與口感。添加的比例不宜超過25~40%，會影響筋性形成。

1 法國粉。法國麵包專用麵粉，蛋白質含量近似於法國的麵粉，性質介於高筋與中筋麵粉之間。型號（Type）的分類是以穀麥種子外殼的含量高低來區分。

2 高筋麵粉。蛋白質的含量較高，可製作出具份量且口感紮實的麵團，是製作麵包用途最廣泛的麵粉。

3 低筋麵粉。蛋白質的含量較低，筋度與黏度也相對較低，不易形成筋性，不適合單獨使用於麵包的製作；常與高筋麵粉混合使用，可做出輕盈口感的麵包。

4 新鮮酵母。濕性酵母需低溫冷藏保存。具滲透壓耐性，就算含糖量高的麵團，也不會被破壞，也能成功使麵團發酵。多運用於糖分多與冷藏儲存的麵團。

5 速溶乾酵母。能直接加入麵團中使用，不需要預備發酵。有低糖、高糖乾酵母之分。低糖用酵母適用含糖含量5%以下的無糖或低糖等麵團；高糖用酵母適用糖含量5%以上的菓子麵團、布里歐麵團等。

6 細砂糖。顆粒細易融入麵團中，適用各式麵包製作；顆粒粗砂糖，不易融化多用於增添口感質地使用。

7 上白糖。結晶較細砂糖細緻、質地濕潤，保濕性佳，適用所有種類的麵包；沒有上白糖可用細砂糖代替。

8 糖粉。極微粒的細砂糖粉，質地細緻，多用於表面裝飾，以及製作糖霜。

9 蜂蜜。添加麵團中能提升香氣、濕潤口感、上色效果。

10 不濕糖。可延緩吸濕、不易受潮，甜度低，即使用於含水量多的麵團，也不易溶化、結塊的糖粉。

11 珍珠糖。由甜菜根提煉成的顆粒結晶糖，清甜香脆，熔點高，受熱後不會完全融化，可用於表面裝點。

12 麥芽精。含澱粉分解酵素，具有轉化糖的功能，能促進小麥澱粉分解成醣類，成為酵母的養分，可提升酵母活性，加速麵團發酵速度。多運用在灰分質較高的麵粉，可優化發酵階段的膨脹力，而相較於未添加糖的麵團，加入麥芽精的麵團有助於提升烤焙色澤與風味。

13 無鹽奶油。不含鹽分，具有濃醇香味，是製作麵包最常使用的油脂類；配方中若無特別註明指的就是無鹽奶油。

14 發酵奶油。經以發酵成製的奶油，帶有乳酸發酵的微酸香氣，乳脂含量高，質地細緻、風味濃厚，多使用於濃郁奶油風味的重奶油製品，可帶出細緻質地、酥脆口感。

15 片狀奶油。折疊麵團的裹入油使用，可讓麵團容易伸展、整型，使烘焙出的麵包能維持蓬鬆的狀態。

16 鮮奶。大量乳糖中所含的乳糖酶可在麵團中分解出半乳糖、葡萄糖，可促使麵團更容易上色，形成漂亮的色澤，並能帶出特有的甜味香氣。

17 鮮奶油。濃醇的風味，能使麵團柔軟增添風味，適合濃郁類型的甜麵包使用。但較易變質，保存上需特別注意。

蛋

麵粉

奶油

鮮奶

新鮮酵母

珍珠糖

糖粉

麥芽精

高筋麵粉

不濕糖

速溶乾酵母

法國粉

細砂糖

岩鹽

杏仁粉

上白糖

蜂蜜

高糖乾酵母

小麥蛋白　　　　在來米粉　　　　果膠粉　　　　吉利丁粉

香草莢　　　　抹茶粉　　　　可可粉　　　　覆盆子粉

肉桂粉　　　　紅麴粉　　　　麻芛粉　　　　竹炭粉

巧克力條

葡萄乾

芒果乾　蔓越莓乾　杏仁粒　杏桃乾

無花果乾　鳳梨乾　榛果碎　草莓乾

杏仁片　核桃　開心果粒　桔皮丁

奇異果乾　水滴巧克力　火龍果乾　乾燥覆盆子

製作的基本工具

1 攪拌機。本書使用的是直立式攪拌機，勾狀攪拌臂，適用於軟質系的麵團攪拌。

2 發酵箱。能控制溫度、濕度，讓麵團能在預設的時間完成想要的發酵狀態，多使用於中間發酵及最後發酵。

3 壓麵機。有調整設定的裝置，用於麵團厚度的延展，可將麵團擀壓至適合的厚度。

4 烤箱。專業大型烤箱有蒸烤功能；也有氣閥，可在烘焙過程中排出蒸氣，調節溫度。

5 電子秤。測量材料、分割麵團秤重使用，以能量測至1g單位的電子秤為基準；另外也有可量測至0.1g單位的微量秤。

6 攪拌盆。材料備製、混合、發酵等作業使用，有不同的尺寸大小。

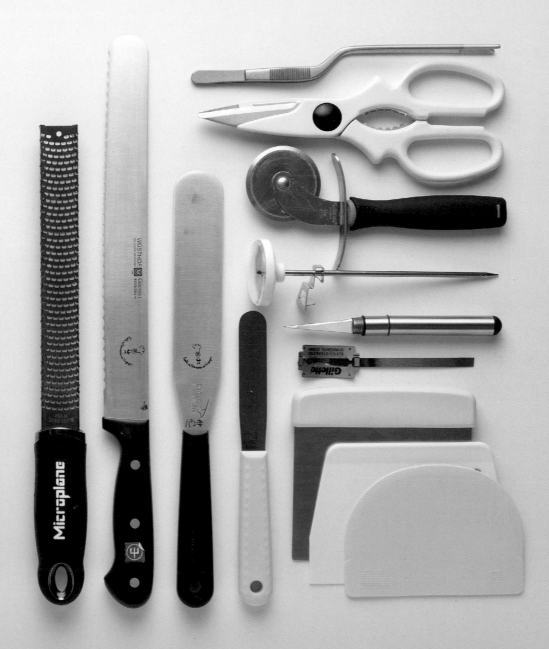

7 攪拌器。攪拌打發或混合材料使用，以鋼絲圈數較多的較佳較好操作。

8 橡皮刮刀。攪拌混合材料或刮取殘留在容器內的材料、減少損耗，以彈性高、耐熱性佳的材質較好。

9 溫度計。測量麵團的揉和、發酵溫度等，使用電子溫度計方便又正確。

10 擀麵棍。擀壓延展麵團，使麵團厚度平均，整型時必備的工具。

11 切麵刀、刮板。混合材料、整理分割麵團，或刮起沾黏檯面上的麵團時使用。

12 網篩。過篩粉類雜質、篩勻粉末。小尺寸的濾網可篩撒粉末的裝飾。

13 擠花袋、花嘴。需與花嘴併用，用來擠製麵糊，或填擠內餡。

14 割紋刀。麵團表面切割刀痕紋路的專用刀，其他像是剪刀、小刀也可使用。

15 拉網切刀、滾輪刀。利用拉網滾輪切刀切割過擀平的麵團，拉開即成整片網格，方便好操作。

16 毛刷。在模型內壁塗刷油脂，防止沾黏；或烤前塗刷蛋液，完成後塗刷糖水使用。

17 烤焙紙。鋪在烤盤或模型上使用避免沾黏或烤焦。書中有利用烤焙紙隔開烤盤，壓蓋烘烤的操作。

本書使用的模型

咕咕洛夫模
圓徑140×81mm（凱撒咕咕洛夫）

長條吐司模
內徑196×106×110mm、下內徑184
×102mm（布里歐國王吐司）

細長條吐司模
L220×W40×H40mm（杏桃情人吐司
麵包）

甜甜圈型烤模
（肉桂焦糖麵包卷、紅龍蜜覓天使
圈）

4吋菊花模型
（修士布里歐、焦糖杏仁布里歐、玫
瑰草莓美濃）

蘋果模型
（蜜糖蘋果丹麥）

史多倫模型
（史多倫聖誕麵包）

圓形紙杯模
H130×W80mm（潘那朵妮）

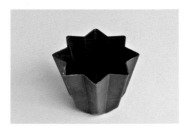

八星菊花模（大）
173×131mm（潘朵洛黃金麵包）

SN6031大圓模
94×83×35mm（蘋果玫瑰花卷、冰
淇淋丹麥、魔力法米滋、熔岩珍珠巧
克力、雲朵蛋麵包、莓果森林物語）

圓形模
上寬90×下寬80×高54 mm（大溪地
卡士達丹麥）

吐司模型
內徑181×91×77mm、下徑170×
73mm（黑糖Q心麻吉、芋金香菠蘿
山形、莓果糖霜丹麥）

布丁杯
上寬55×下寬35×高37mm（栗子蒙布朗丹麥）

SN3244橢圓模框
（蘋果澎派）

大三角慕斯框
（芒果吉士星花）

小三角慕斯框
（栗子蒙布朗丹麥）

SN3245大圓慕斯框
（法式國王餅）

SN3243小圓慕斯框
（法式國王餅）

矽利康方吐司型模
外L180×W85×H36mm、內L170×W70×H35mm（蔬活培根丹麥）

星形模
101×41mm（芒果吉士星花、水果香頌丹麥）

矽利康方吐司型模
外L160×W95×H51mm、內L140×W75×H50mm（蔥爆辮子花結）

／製作麵包的

基礎知識

細心揉製、發酵等過程，是麵包製作的美味關鍵！想做出好吃的麵包，必須對食材、製作細節講究與充分了解，接著，將就成製麵包美味的製作訣竅與重點介紹：提升風味與層次口感的發酵種、美味內餡、裝點用料…以及不同特色麵包的攪拌製法介紹，請務必先熟悉掌握製作重點。

A.「攪拌」成形麵團階段

麵團材料經攪拌搓揉後，麵粉中的蛋白質會與水分起結合作用，形成黏性和彈性，產生柔軟且細緻的網狀組織，亦即所謂的「麵筋」；此組織狀態影響麵包的結果成形，因此麵團攪拌好後要做狀態確認。

麵團依種類特性攪拌的程度有所不同。以含有較多砂糖、奶油、蛋，質地柔軟的麵團來說（布里歐、菓子麵團等），為了能做出膨脹鬆軟的口感，麵團必須攪拌至可拉出既薄又堅韌，可透視指腹的薄膜狀態。且因含油量高，為避免奶油阻礙麵筋的形成，通常會在麵團攪拌至形成基本薄膜時，再將奶油加入攪拌至麵筋網狀結構富彈性的完全狀態。至於折疊麵團（可頌、丹麥、千層），因會在麵團中間包裹奶油反覆折疊，所以麵團不需過度攪拌，以攪拌到擴展約7-8分筋狀態，可拉出質地較弱、粗糙的膜即可，這樣在裹油時才不會破裂，讓延展不好操作。

撐開麵團確認狀態程度

攪拌充足的麵團帶筋度，可將麵團輕輕延展後拉出薄膜，攪拌完成與否可由此狀態判斷。

○**麵筋擴展**：麵團柔軟有光澤、具彈性，撐開麵團會形成不透光的麵團，破裂口處會呈現出不平整、不規則的鋸齒狀。（例如：可頌、丹麥麵團）

→攪拌適當／材料攪拌成團，拉出的薄膜質地略粗糙不齊。

→用手拉出麵皮具有筋性且不易拉斷的程度。用手將麵皮往外撐開形成薄膜狀時，可看到其裂口不平整且不平滑。

○**完全擴展**：麵團柔軟光滑富彈性、延展性，撐開麵團會形成光滑有彈性薄膜狀，破裂口處會呈現出平整無鋸齒狀。（例如，布里歐、菓子麵團）

→攪拌適當／材料攪拌成團，拉出的薄膜質地均勻，薄透至可以透視指腹。

→用手撐開麵皮，會形成光滑的薄膜形狀且裂口呈現出平整無鋸齒狀的狀態。

確認麵團攪拌完成的溫度

一定要測量麵團的攪拌溫度，麵團的溫度依麵包種類的不同有差異，本書則是將內容簡易至較好理解的程度，所以基本上都設定在攪拌終溫24-25℃（部分例外會標明溫度），標示的溫度可作為攪拌時理想的參考標準，配合後續的操作以利適合的調節。

○**食材的冷藏處理**：氣溫以及材料等的溫度會隨著季節而有所變化，因此攪拌完成的溫度（攪拌終溫），有時會透過材料的溫度來調節控制，讓麵團在攪拌完成時能達到適合的溫度。以高油糖含量的布里歐麵團來說，為避免長時間攪拌升溫致使酵母發酵過度，通常會將預備攪拌混合的材料在前一天先冷卻（放入冰箱冷藏），或使用冰水或冷水來控制溫度。

→若攪拌中的麵團溫度已過高，可將攪拌完成的麵團，放置烤盤攤平，冷凍待降溫後再發酵。

B.「基本發酵」醞釀美味的重要過程

在這段過程當中，酵母會頻繁地活動，分解糖並釋放酒精、二氧化碳與其他有機酸等化合物，而使得麵粉的

筋質中充滿氣體，促使麵團產生膨脹，並帶出麵包風味香氣。因此必須確實進行發酵，才能掌控好，促使麵包產生美味的因素關鍵。

環境會影響發酵的程度，基本發酵一般在室溫中進行即可，理想的發酵溫度約在28-30℃，濕度75%；中間發酵溫度約在28-30℃，濕度75%，特別是軟質麵包類會較講求發酵風味的硬質麵包類來得稍高1-2℃。不過，像是可頌丹麥等油脂比例較多的，為了不讓油脂溶出，溫度通常會在28℃以下。

發酵或鬆弛過程中，都要維持麵團濕潤狀態，因為一旦表面變得乾燥，外皮就無法延伸，會阻礙麵團的膨脹。覆蓋保鮮膜時，為了不要擠壓到麵團的膨脹能力，務必要寬鬆覆蓋。

重新整理的翻麵過程

翻麵（壓平排氣），就是對發酵中的麵團施以均勻的力道拍打，讓麵團中產生的氣體排除，再由折疊翻面包覆新鮮空氣，把表面發酵較快的空氣壓出，使底部發酵較慢的麵團能換到上面，達到表面與底部溫度平衡，穩定完成發酵，壓平排氣的操作，能提升麵筋張力、強化組織，讓麵團質地更細緻、富彈性。

○3折疊的翻麵方法

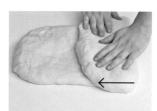
①輕拍麵團平整，從麵團一側向中間折疊1/3。

②再將麵團另一側向中間折疊1/3處。

③轉向，稍輕拍均勻。

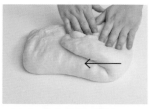
④將一側向中間折疊1/3。

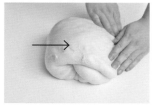
⑤再將另一側向中間折疊1/3。

⑥翻面使折疊收合的部分朝下，蓋上保鮮膜發酵。

C.「中間發酵」讓麵團調整的階段

中間發酵，對於分割後的麵團而言是給予適度鬆弛時間，使麵團能恢復到理想狀態的過程。分割後的麵團會產生越強的筋性而變得緊繃，不好延展，為了方便延展成形，這時會就切割的麵團做滾圓、靜置的調整動作，讓麵團恢復原有彈性狀態，達到好延展塑型的目的。要注意，靜置過程中應覆蓋保鮮膜，否則表面會變乾燥而形成龜裂，會影響麵團發酵。

→靜置的過程中為避免水分的蒸發，可在表面覆蓋濕布，防止麵團乾燥（會妨礙膨脹發酵）。

D.「整型」成形階段

整型前用手輕拍麵團，在於將內部的空氣擠壓排出，之後的整圓則能促使筋質更加緊密、更有彈性。整型除了成形漂亮的形狀外，更重要的是就麵團性質的不同，以適合的力道擀壓、捲折整塑麵團成形；整型的力道、

方式對於麵包之後的膨脹狀態都有所影響，必須控制得恰到好處，才能做出品質相當的美味麵包。

→折疊類整型時，最重要的就是動作要迅速，不要長時間觸摸麵團，以免奶油融化。

E.「最後發酵」階段狀態

最後發酵會影響麵團烘焙時的延伸度和熟透程度，為能烤出理想的膨脹體積，整型後的麵團須在適合的環境條件中適度鬆弛。

一般來說，麵團的最後發酵溫度約在28-30℃、濕度75-80%，但隨著麵包種類和製法會有所不同。像是折疊類麵團，在最後發酵階段，為避免麵團的溫度上升過高，導致油脂融化，通常會在溫度低於裹入油的熔點溫度下進行，否則油脂一旦融化，層次就會不均甚至消失，烘烤後的麵包便不會隆起而顯得扁塌。

為避免溫度升過高，折疊類麵團在發酵箱的相對溫度、濕度應控制在溫度27-28℃、濕度75-85%；且最好先在室溫放置約30分鐘稍微回溫，再移至發酵箱最後發酵，且取出後在室溫稍乾燥5-10分鐘，稍作緩解，以減緩溫差造成的壓力。

→由於麵團會膨脹，擺放烤盤時，間隔要保持適當的距離。

F.「烘烤」麵包出爐

烘烤時為了讓麵包的含水量和外層呈現該有的理想狀態，烘烤時的溫度、時間都要設定得當；而因各家烤箱的效能不同，以及麵包種類、大小等的差異，可能導致烤焙程度的不同，因此過程中要多觀察麵團的狀況適時調整。

烘烤溫度因麵包質地種類而異，糖油含量多的濃郁類麵包，烤溫不宜過高、時間也不宜過長，因為容易有上色過度、過焦的情形，但若是裹油類型，為能烤出酥香鬆脆的口感則會以稍高（約220℃）、短時間的方式烘烤。

不論烘烤何種麵包，要注意烘烤上色的狀態，為使麵包上色均勻，在麵包開始上色時，可將模型轉向，或藉由轉動烤盤位置做轉向烘烤，以便烤出均勻色澤。一旦烤焙中途，已有上色過深的情形，可在表面覆蓋烤焙紙做隔絕，避免烤焦。

烤焙完成的麵包不要繼續放在烤盤上，要立即移至涼架、脫模放涼，這樣才能使熱度、水氣蒸發。

塗刷蛋液

為了提升麵包的烤色與光澤，有時候會在烘烤前塗刷蛋液。而因發酵完成的麵團易因外力而塌陷，所以塗刷蛋液時力道要輕，以不損及麵團的在表面塗刷蛋液。書中使用的調和比例為全蛋、蛋黃（1：1）調勻。塗刷時注意不宜過厚，否則會造成表面因聚積過多的蛋液造成的黏口，或上色不均、烤色焦黑等情形。

塗刷糖水、鏡面果膠

塗刷蛋液外，為減少烘烤後的上色程度，就製品的特色，有時也會在麵團塗刷蛋白，或者在烘烤完成後的麵包體塗刷糖水，以提升麵包的光澤感。而為了突顯成品的光澤感，也會在水果表面塗刷鏡面果膠，可帶出光澤感同時也有保濕的作用。

→糖水作法。是將細砂糖與水（1：1）的混合放入鍋中，加熱煮至沸騰後待冷卻使用。

A | 魯邦種

使用裸麥粉培養出的魯邦液種，pH值接近酸性，具有獨特的香氣與酸味（又稱酸種），很適合用來製作各式各樣的歐風麵包。

○使用：潘朵洛黃金麵包P71

培養

HOW TO MAKE

第1天

01 所需材料。裸麥粉150g、飲用水200g。

02 將飲用水加入裸麥粉仔細攪拌均勻（麵溫26℃）。

03 覆蓋保鮮膜，室溫靜置發酵約48小時。

Day1狀態。

第2天

04 所需材料。第1天發酵液種、T65法國粉350g、飲用水（40℃）350g。

05 將其他材料加入第1天的發酵液種全部攪拌均勻（麵溫26℃）。

06 覆蓋保鮮膜，室溫靜置發酵約24小時。

Day2狀態。

第3天

07 所需材料。第2天發酵液種、T65法國粉1000g、飲用水（40℃）1000g。

08 將其他材料加入第2天的發酵液種全部攪拌均勻（麵溫26℃）。

09 覆蓋保鮮膜，在室溫靜置發酵約24小時。

Day3狀態。

第3天即可使用。若不直接使用，可放冰箱冷藏約可保存4天，第4天再餵養（其後每4天餵養1次）。

後續餵養

第4天

10 將完成魯邦種（麵溫26℃），加入T65法國粉200g、飲用水（40℃）200g攪拌均勻（麵溫26℃），覆蓋保鮮膜，冷藏發酵8小時。

第3天後的魯邦種餵養，將前種魯邦種，加上T65法國粉200g、飲用水（40℃）200g來持續餵養即可（後續的餵養原則亦即，前種：法國粉：水＝1：1：1的比例來添加）。

共通原則

玻璃容器
沸水消毒法

為避免雜菌的孳生導致發霉，發酵用的容器工具需事先煮沸消毒。

進行消毒時：

①鍋中加入可以完全淹蓋過瓶罐的水量，煮至沸騰。以夾子挾取出。

②倒放、自然風乾即可。其他使用的工具，也需熱水澆淋消毒後使用。

鏡面巧克力

INGREDIENTS

細砂糖45g、可可粉22g、動物鮮奶油84g、水81g、
73%巧克力90g

鏡面抹茶巧克力

INGREDIENTS

細砂糖80g、抹茶粉22g、動物鮮奶油90g、水81g、
32%白巧克力90g

HOW TO MAKE

01 將水、動物鮮奶油、
細砂糖混合煮沸。

03 加入巧克力以餘溫使
其融解並攪拌均勻。

02 加入過篩的可可粉
拌勻,待再度沸騰後關
火。

04 將作法③用細篩網過
篩均勻後,待涼備用。

HOW TO MAKE

01 將水、動物鮮奶油、
細砂糖混合煮沸,加入
抹茶粉拌勻,再度沸騰
後關火。

02 加入白巧克力以餘溫
使其融解並攪拌均勻,
用細篩網過篩均勻,待
涼備用。

檸檬糖霜	焦糖	楓糖糖水
INGREDIENTS	**INGREDIENTS**	**INGREDIENTS**
檸檬汁100g、糖粉500g	鮮奶油350g、細砂糖500g	Ⓐ 楓糖300g、細砂糖300g、飲用水100g Ⓑ 蘭姆酒50g
HOW TO MAKE	**HOW TO MAKE**	**HOW TO MAKE**

01 糖粉分次慢慢加入檸檬汁確實混合。	**01** 細砂糖小火加熱煮至呈焦糖色。	**01** 將材料Ⓐ小火熬煮至110℃。

02 攪拌均勻至呈濃稠狀態。	**02** 鮮奶油溫熱,加入焦糖液中拌煮至沸騰。	**02** 加入材料Ⓑ拌勻,放涼備用。(楓糖糖水熬煮至110℃,讓楓糖糖水更具黏著力)

╱歷久彌新的

布里歐

布里歐是法國最具代表性的維也納麵包之一。相傳布里歐
（Brioche）源於法國盛產奶油聞名的諾曼地區，而這說法從
其命名（Brioche）字根與布里（Brie）乾酪相同的字根有跡可
尋。但也有人持著布里歐（Brioche）之名應源於法語中的揉
「Bris」與攪拌「Hocher」組合而來，儘管關於布里歐的由來說
法眾說紛紜，不過可確信的是與奶油這個原料、製程息息相關。

眾多布里歐的傳說中最有名的，當屬瑪麗安東尼皇后的那句：
「Qu' ils Mangent de la Brioche」（「讓他們吃布里歐」），
這句話引起生活窮困，吃不起麵包的飢民群起激憤，也間接導致
了法國大革命。

不同傳統歐包的簡樸粗獷，布里歐因加入富含豐富的奶油、蛋、
鮮奶，因此風味馥郁、質地鬆軟，吃入嘴裡就像在吃甜點，口感
猶如蛋糕般細緻，是種介於麵包與蛋糕之間、口味奢華的麵包
（Pain de Luxe）。

口感濃厚的布里歐，不只因各個地域的風土氣候而衍生出形形色
色的外型，且隨著蛋、奶油比例的不同（依麵包的種類奶油含
量20-80%不等），味道也都略有差異變化，帶有不同程度的蓬
鬆、輕盈口感，其中最具代表性的就是聖誕應景的節慶點心潘那
朵妮、潘朵洛、史多倫等。

基本布里歐麵團A

INGREDIENTS

| 麵團 |

Ⓐ 高筋麵粉…500g
　 新鮮酵母…20g
　 鹽…10g
　 細砂糖…50g
　 蜂蜜…40g
　 全蛋…150g
　 蛋黃…50g
　 鮮奶…200g
Ⓑ 發酵奶油…250g

HOW TO MAKE

攪拌麵團

01 將過篩的高筋麵粉與鹽、細砂糖、新鮮酵母放入攪拌缸中混合拌勻。

為避免麵團溫度升高，蛋、奶油需先冷藏備用。

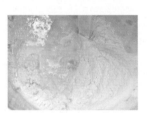

02 全蛋、蛋黃、蜂蜜、鮮奶用打蛋器攪拌混合，倒入作法①中。

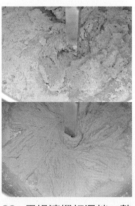

03 用慢速攪打混拌，整體均勻混拌。

04 過程中需視情況停止攪拌，用刮刀刮取沾黏的麵團。

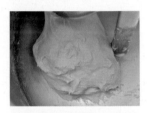

05 整合麵團，轉中速繼續攪拌至成團。

06 待麵團攪拌至不沾黏。

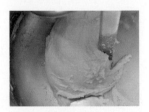

07 確認麵團筋度。取麵團延展可形成質地略粗糙薄膜、裂口不平整（約7分筋）。

在此時加入奶油，否則一旦過度攪拌致產生過多筋性，奶油就不容易混合均勻。

08 再加入奶油，並使奶油整體呈均勻的柔軟硬度。

> 奶油要呈容易拌入麵團的軟硬狀態（用手指按壓會立即凹陷）。

09 繼續中速攪拌均勻至麵團不沾黏。

10 確認麵團筋度。取麵團延展可形成均勻光滑的薄膜（約10分筋）、裂口平整無鋸齒狀。

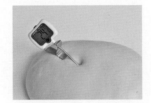

11 測量麵溫。測量麵團溫度，理想攪拌終溫為24℃。

基本發酵

12 將麵團整理為表面平滑的圓球狀，接合口朝下，覆蓋保鮮膜，基本發酵60分鐘。

13 拍平、翻麵。待麵團膨脹發酵後需壓平排氣、翻麵，將麵團輕拍平整。

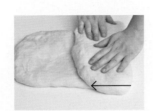

14 從麵團一側向中間折疊1/3。

15 再將麵團另一側向中間折疊1/3處。

16 稍輕拍均勻，轉向。

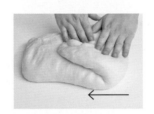

17 再從一側向中間折疊。

18 再另一側向中間折疊1/3。

19 翻面使折疊收合的部分朝下。

20 蓋上保鮮膜發酵，發酵約30分鐘，使其發酵膨脹約1.5-2倍。

分割、滾圓、中間發酵

21 將麵團輕壓排出氣體，整為表面平滑的圓形，用刮板將麵團分割所需份量。

22 將麵團滾圓整成表面平滑的圓形，中間發酵30分鐘。

整型、最後發酵、烘烤

23 進行各種布里歐麵包的製作，整型、最後發酵、烘烤、裝飾等操作。

Brioche Nanterre

....

布里歐國王吐司

型體大的布里歐,稱為南泰爾布
里歐(Brioche Nanterre)。源
於法國西南部「Nanterre」,不
同僧侶的小圓堆疊,是由一顆顆
麵團兩列並排,以長方吐司模烘
烤,成型緊緊相連相依的吐司型
態,亦即大家熟知的布里歐皇冠
吐司。

份量：2個
模型：內徑196×106×110mm、下內徑184×102mm

INGREDIENTS

｜麵團｜

Ⓐ 高筋麵粉…500g
　新鮮酵母…20g
　鹽…10g
　細砂糖…50g
　蜂蜜…40g
　全蛋…150g
　蛋黃…50g
　鮮奶…200g
Ⓑ 發酵奶油…250g

｜表面用｜

發酵奶油、蛋液

HOW TO MAKE

攪拌、基本發酵

01 麵團攪拌～基本發酵與「基本布里歐麵團A」P36，作法1-20製作相同。整理麵團成圓滑狀，基本發酵60分鐘，拍平、翻麵再發酵約30分鐘。

分割、滾圓、中間發酵

02 麵團分割成185g×3個，滾圓整成表面平滑的圓形，中間發酵30分鐘。

整型、最後發酵

03 將麵團輕拍擠壓出氣體，輕滾整圓，再滾動整型成橢圓柱狀，輕拍扁，用擀麵棍擀壓成片狀，翻面、用手指將底部延壓開，幫助黏合。

> 底部稍作延壓開的動作，可助於成型後的黏合。

04 吐司模型噴上烤盤油。從前端往底部捲起，收合於底部成橢圓柱型。

05 將3個橢圓柱型麵團，收口朝下、同方向，前後靠著模邊，中間平均空隙放入模型中。

06 最後發酵90分鐘（濕度75%、溫度28℃），表面輕塗刷蛋液。

07 用剪刀在麵團中央處切出深淺一致的切口，在切口處擠入奶油。

烘烤

08 以上火160℃／下火230℃，烤約40分鐘。脫模，放涼。

Kouglof

....

凱撒咕咕洛夫

在中空圓環的咕咕洛夫模底層排圍杏仁粒，烘烤後除了帶有豐厚的奶油香氣與甜味，表層綴以杏仁粒宛如鑲嵌王冠上的寶石，十分耀眼，是一款喜慶、祭典的應景傳統點心。

份量：5個
模型：咕咕洛夫模，圓徑140×81mm

INGREDIENTS

| 麵團 |

Ⓐ 高筋麵粉⋯1000g
　新鮮酵母⋯40g
　鹽⋯22g
　細砂糖⋯100g
　蜂蜜⋯80g
　全蛋⋯300g
　蛋黃⋯100g
　鮮奶⋯400g
Ⓑ 發酵奶油⋯500g

| 表面用 |

杏仁片、杏仁粒

HOW TO MAKE

攪拌、基本發酵

01 麵團攪拌～基本發酵與「基本布里歐麵團A」P36，作法1-20製作相同。整理麵團成圓滑狀，基本發酵60分鐘，拍平、翻麵再發酵約30分鐘。

分割、滾圓、中間發酵

02 麵團分割成500g，滾圓整成表面平滑的圓形，中間發酵30分鐘。

整型、最後發酵

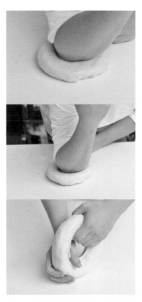

03 咕咕洛夫模內壁噴上烤盤油，撒上杏仁片均勻貼附模型內壁，並在凹槽處放上杏仁粒，備用。

04 將麵團輕拍壓擠出氣體，整圓，輕拍壓扁，塑型成中央拱起的圓扁狀。

05 用食指在中央處戳出中心點。

06 用手肘處在中央壓出圓孔凹洞。用兩手食指將壓戳成的小洞延展撐開，調整為環狀。

07 將麵團撐起翻面，收口面朝上，放入模型中，調整麵團至工整狀態，最後發酵90分鐘（濕度75％、溫度25℃），至約8分滿。

烘烤

08 以上火160℃／下火230℃，烤約25分鐘。脫模，放涼。

no.3

Apricot Brioche

....

杏桃情人吐司麵包

奶油香氣豐厚的麵團與各式果乾
都很對味，可搭配各種蜜漬的果
乾麵團，大小也可以加以變化：
這裡使用長條模型，添加酒漬杏
桃、柑橘丁，是一款極富奶油香
氣、滋味甜潤的甜麵包。

份量：4個
模型：長220×寬40×高40mm

INGREDIENTS

| 麵團 |

Ⓐ 高筋麵粉…250g
　新鮮酵母…10g
　鹽…5.5g
　細砂糖…25g
　蜂蜜…20g
　全蛋…75g
　蛋黃…25g
　鮮奶…100g
Ⓑ 發酵奶油…125g

| 橘香杏仁餡 |

Ⓐ 發酵奶油…110g
　上白糖…110g
　全蛋…95g
Ⓑ 杏仁粉…110g
　低筋麵粉…25g
Ⓒ 酒漬桔子丁…30g
　酒漬杏桃乾…100g

| 表面用 |

蛋液、檸檬糖霜
檸檬皮屑、榛果碎

HOW TO MAKE

酒漬杏桃乾、桔子丁

01 白蘭地（50g）、杏桃乾切片（100g）浸泡入味約3天後使用。

02 君度橙酒（50g）、桔子丁（50g）浸泡入味約3天後使用。

橘香杏仁餡

03 發酵奶油、上白糖攪拌均勻，加入全蛋攪拌融合，再加入過篩材料Ⓑ拌勻，加入材料Ⓒ拌勻，冷藏。

攪拌、基本發酵

04 麵團攪拌～基本發酵與「基本布里歐麵團A」P36，作法1-20製作相同。整理麵團成圓滑狀，基本發酵50分鐘。

分割、滾圓、中間發酵

05 麵團分割成130g，滾圓整成表面平滑的圓形，中間發酵50分鐘。

整型、最後發酵

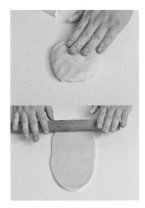

06 將麵團輕拍擠壓出氣體，用指腹碰觸麵團轉動輕滾整圓，輕拍壓扁擀成橢圓片狀，翻面。

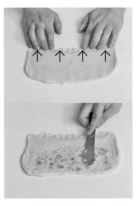

07 將底部延壓開，幫助黏合，在2/3處均勻抹上橘香杏仁餡（約70g），預留底部。

08 從外側往內捲起小圈折，稍按壓，再捲起收合於底成長條，捏緊收合口，搓揉整型均勻。

09 收口朝下，先對切成二，再對切後分切成8等分。

10 將切口面朝上排放入模型中，最後發酵60分鐘（濕度75%、溫度28℃），表面塗刷蛋液。

烘烤、裝飾

11 以上火200℃／下火210℃，烤約12分鐘。脫模，放涼。

12 待麵包冷卻，在表面淋上檸檬糖霜。

13 撒上榛果碎、檸檬皮屑待糖霜凝固。

檸檬糖霜

INGREDIENTS

檸檬汁100g、糖粉500g

HOW TO MAKE

① 糖粉分次慢慢加入檸檬汁確實混合。
② 攪拌均勻至呈濃稠狀態。

no.4

Cinnamon Roll

....

肉桂焦糖麵包卷

肉桂、糖、奶油相輔相成的美
妙滋味！撒上絕美比例的肉桂
糖，捲製成花卷樣貌，烤過的
肉桂焦糖融化在麵團中，切口
面多了焦香氣味，肉桂粉與焦
糖滋味交融的平衡，適合搭配
午茶的點心麵包。

no.4

肉桂焦糖麵包卷

份量：12個
模型：甜甜圈型烤模

INGREDIENTS

| 麵團 |
Ⓐ 高筋麵粉…250g
　 新鮮酵母…10g
　 鹽…5.5g
　 細砂糖…25g
　 蜂蜜…20g
　 全蛋…75g
　 蛋黃…25g
　 鮮奶…100g
Ⓑ 發酵奶油…125g

| 肉桂砂糖 |
肉桂粉…30g
細砂糖…300g

| 裝飾 |
蛋液、防潮糖粉

HOW TO MAKE

肉桂砂糖

01 肉桂粉、細砂糖混合拌勻。

攪拌麵團

02 麵團攪拌～基本發酵與「基本布里歐麵團A」P36，作法1-20製作相同。整理麵團成圓滑狀，基本發酵50分鐘。

分割、滾圓、中間發酵

03 麵團分割成50g，滾圓整成表面平滑的圓形，中間發酵30分鐘。

整型、最後發酵

04 將麵團輕拍擠壓出氣體，用拇指和中指腹碰觸麵團轉動，輕滾整圓，輕拍壓扁，擀成長約20cm片狀。

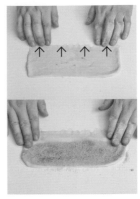

05 翻面、轉向，用手指將底部延壓開，幫助黏合，在2/3處均勻撒上肉桂砂糖（約20g），預留底部。

06 從外側往內捲起小圈折，稍按壓，再捲起收合於底成長條狀。

07 轉向縱放，稍拍壓扁。

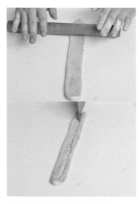

08 擀壓平整成約35cm
細長狀，縱切成二（頂
部預留、不切斷）。

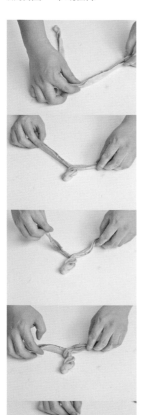

09 將切面朝上，以A-B
交叉編結的方式到底，
收合於底。

10 將兩端捏緊收合，整
型成中空環狀。

11 收合口朝下，放入甜
甜圈模型中，最後發酵
60分鐘（濕度75%、溫
度28℃），塗刷蛋液。

烘烤、裝飾

12 以上火200℃／下火
210℃，烤約12分鐘，完
成後脫模，置於網架上
放涼，待冷卻，篩撒糖
粉。

基本布里歐麵團B

INGREDIENTS

| 液種 |

法國粉…75g
鮮奶…75g
新鮮酵母…0.25g

| 主麵團 |

Ⓐ 高筋麵粉…175g
　 新鮮酵母…9g
　 細砂糖…38g
　 岩鹽…4.5g
　 全脂奶粉…5g
　 全蛋…50g
　 蛋黃…38g
Ⓑ 無鹽奶油…83g

HOW TO MAKE

攪拌麵團

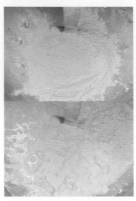

01 液種。法國粉、新鮮酵母放入攪拌缸中，加入鮮奶。

02 用慢速混合攪拌，攪拌均勻至呈粗薄膜（6分筋）（終溫24℃），室溫發酵1小時，冷藏發酵24小時。

主麵團

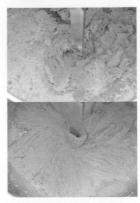

03 將完成的液種、所有材料Ⓐ慢速攪打混拌，整體均勻混拌。

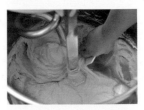

04 過程中需視情況停止攪拌，用刮刀刮取沾黏的麵團，整合麵團。

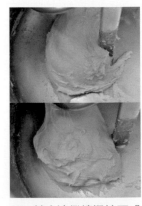

05 轉中速繼續攪拌至成團，待麵團攪拌至不沾黏。

06 確認麵團筋度。取麵團延展可形成質地略粗糙薄膜、裂口不平整（約7分筋）。

> 在此時加入奶油，否則一旦過度攪拌致產生過多筋性，奶油就不容易混合均勻。

07 再加入奶油，並使奶油整體呈均勻的柔軟硬度。

> 奶油要呈容易拌入麵團的軟硬狀態（用手指按壓會立即凹陷）。

08 繼續中速攪拌均勻至麵團不沾黏。

09 確認麵團筋度。取麵團延展可形成均勻光滑的薄膜（約10分筋）、裂口平整無鋸齒狀。

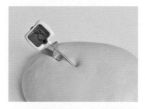

10 測量麵溫。測量麵團溫度，理想攪拌終溫為24℃。

基本發酵

11 將麵團整理為表面平滑的圓球狀，接合口朝下，覆蓋保鮮膜，基本發酵60分鐘。

分割、滾圓、中間發酵

12 將麵團輕壓排出氣體，整為表面平滑的圓形，用刮板將麵團分割所需份量。

13 將麵團滾圓整成表面平滑的圓形，中間發酵30分鐘。

整型、最後發酵、烘烤

14 進行各種布里歐麵包的製作，整型、最後發酵、烘烤、裝飾等操作。

Brioche
Charentaise

······························

布里歐花冠

米字切痕烘烤膨脹後成形宛如漂
亮花冠，帶著細粒的珍珠糖，增
添麵包美味度，散發濃醇奶油香
氣，味道濃郁的奢華滋味。

份量：5個

INGREDIENTS

| 液種 |
法國粉…75g
鮮奶…75g
新鮮酵母…0.25g

| 主麵團 |
Ⓐ 高筋麵粉…175g
　 新鮮酵母…9g
　 細砂糖…38g
　 岩鹽…4.5g
　 全脂奶粉…5g
　 全蛋…50g
　 蛋黃…38g
Ⓑ 無鹽奶油…83g

| 表面用 |
蛋液、珍珠糖

HOW TO MAKE

攪拌、基本發酵
01　麵團攪拌～基本發酵與「基本布里歐麵團B」P48作法1-11製作相同。整理麵團成圓滑狀，基本發酵60分鐘。

分割、滾圓、中間發酵
02　麵團分割成100g，滾圓整成表面平滑的圓形，中間發酵30分鐘。

整型、最後發酵

03　將麵團輕拍擠壓出氣體，用拇指和小指腹側面碰觸麵團轉動，輕滾整圓。

04　將麵團排列烤盤上，最後發酵約60分鐘（濕度75%、溫度28℃）。

05　在表面塗刷蛋液，用剪刀在表面中央處先剪出「十」字。

06　再就四區塊呈對角剪出刀口（4刀口），成「米」字刀口。

> 切痕在烘烤過程中會裂開，會較容易膨脹，且內側吸熱程度會較好。

07　最後撒上珍珠糖。

烘烤

08　以上火200℃／下火180℃，烤約10分鐘。取出，置於網架上放涼。

Brioche à tête

修士布里歐

由一大一小圓球堆疊，烘烤成口感綿細濃厚的甜麵包。法文中的「tête」意指「頭」，而其特色的外型，據說仿效於僧侶頭的姿態，故有「僧侶布里歐」之稱。

份量：11個
模型：4吋菊花模型

INGREDIENTS

| 液種 |

法國粉…75g
鮮奶…75g
新鮮酵母…0.25g

| 主麵團 |

Ⓐ 高筋麵粉…175g
　新鮮酵母…9g
　細砂糖…38g
　岩鹽…4.5g
　全脂奶粉…5g
　全蛋…50g
　蛋黃…38g
Ⓑ 無鹽奶油…83g

| 表面用 |

蛋液

HOW TO MAKE

攪拌、基本發酵

01　麵團攪拌～基本發酵與「基本布里歐麵團B」P48，作法1-11製作相同。整理麵團成圓滑狀，基本發酵60分鐘。

分割、滾圓、中間發酵

02　麵團分割成50g（小圓10g、大圓40g），滾圓整成表面平滑的圓形，中間發酵30分鐘。

整型、最後發酵

03　將大麵團輕拍擠壓出氣體，用拇指和小指腹碰觸麵團轉動，輕滾整圓，輕拍壓扁。

04　用食指在中央處戳出中心點，用手肘處在中央手壓出圓孔凹洞，將壓戳成的小洞延展撐開，調整為環狀。

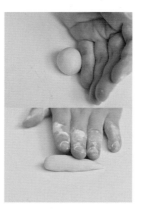

05　將小麵團輕拍擠壓出氣體，用小指指腹碰觸轉動，輕滾整圓，再滾動整型成一端短圓、一端尖細的橢圓棒狀。

06　將橢圓棒狀的尖細部朝環狀麵團中平穩的放入，並將頭部往下稍按壓。

> 烤焙時麵團內空氣膨脹會導致麵團膨脹，中央小圓麵團極易因而歪斜而無法置中，在最後整型時需確實將麵團壓置正中央。

07　平穩放置模型中，最後發酵約60分鐘（濕度75%、溫度28℃），表面塗刷蛋液。

烘烤

08　以上火200℃／下火180℃，烤約10分鐘。脫模，放涼。

Pralines Brioche

···

焦糖杏仁布里歐

焦糖般的香甜味、脆粒口感,恰
如其分點綴於金黃的表層,膨鬆
柔軟的布里歐,與極具口感的焦
糖杏仁,絕美的黃金組合。

份量：12個
模型：4吋菊花模型

INGREDIENTS

| 液種 |

法國粉…75g
鮮奶…75g
新鮮酵母…0.25g

| 主麵團 |

Ⓐ 高筋麵粉…175g
　 新鮮酵母…9g
　 細砂糖…38g
　 岩鹽…4.5g
　 全脂奶粉…5g
　 全蛋…50g
　 蛋黃…38g
Ⓑ 無鹽奶油…83g
Ⓒ 焦糖杏仁碎…50g

HOW TO MAKE

焦糖杏仁碎

01 將細砂糖（120g）、發酵奶油（24g）小火煮至焦化，加入動物鮮奶油（100g）拌煮至濃稠，加入杏仁碎粒（320g）混合拌勻。

攪拌麵團

02 液種。將所有材料攪拌均勻至呈粗薄膜（6分筋）（終溫24℃），室溫發酵1小時，冷藏發酵24小時。

03 主麵團。將完成的液種、材料Ⓐ慢速攪拌混合成團，轉中速攪拌至光滑，加入材料Ⓑ慢速攪拌均勻，轉中速攪拌至麵筋形成均勻薄膜。

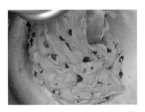

04 最後再加入材料Ⓒ攪拌混勻即可（終溫24℃）。

> 麵團的攪拌製作與「基本布里歐麵團B」（P48）作法1-10製作相同。

基本發酵

05 整理麵團成圓滑狀，基本發酵60分鐘。

分割、滾圓、中間發酵

06 麵團分割成50g，滾圓整成表面平滑的圓形，中間發酵30分鐘。

整型、最後發酵

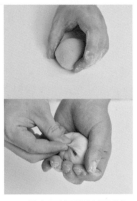

07 將麵團輕拍擠壓出氣體，將麵團往底部收合整型，用指腹側面碰觸麵團轉動，輕滾整圓，捏緊收合口。

08 收口朝下，放入已噴上烤盤油的菊花模型中，最後發酵約60分鐘（濕度75%、溫度28℃），表面薄刷蛋液，用剪刀剪出「十」字刀口。

烘烤

09 以上火200℃／下火180℃，烤約10分鐘。脫模，放涼（烤好需立即脫模，避免冷卻後沾黏（不好取出），且可避免麵包體積縮小）。

no.8
Tresse

布里歐珍珠辮子

將麵團延展成細長狀，以編織法
成形，辮子外型與編結法如同編
髮辮般，而有辮子麵包之稱。編
辮的造型手法多樣，從2股辮到
10股辮都有…編辮成型外，也會
用果乾、或堅果點綴增添香味與
視覺效果。

份量：6個

INGREDIENTS

| 液種 |

法國粉…75g
鮮奶…75g
新鮮酵母…0.25g

| 主麵團 |

Ⓐ 高筋麵粉…175g
　新鮮酵母…9g
　細砂糖…38g
　岩鹽…4.5g
　全脂奶粉…5g
　全蛋…50g
　蛋黃…38g
Ⓑ 無鹽奶油…83g

| 表面用 |

蛋液、珍珠糖

HOW TO MAKE

攪拌、基本發酵

01 麵團攪拌～基本發酵與「基本布里歐麵團B」P48，作法1-11製作相同。整理麵團成圓滑狀，基本發酵60分鐘。

分割、滾圓、中間發酵

02 麵團分割成20g×4個，滾圓整成表面平滑的圓形，中間發酵30分鐘。

整型、最後發酵

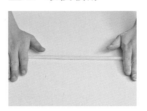

03 將麵團輕拍排出氣體，滾動搓揉成粗細均勻的細長條（約19cm）。

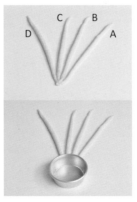

04 以4條細長條麵團接合口朝上、按壓固定住前端；也可利用重物壓住固定前端處。

> 用重物壓在辮子頂端稍固定，可避免麵團散開，編辮較好操作、整型好的辮子會較美觀。

05 將A、B、C、D細長條麵團，以交錯編辮的方式編結。依序重複操作將麵團由B→C、D→B、A→C編辮到底，編結成四股辮。

> 四股編辮的位置口訣，2跨3（B→C）、4跨2（D→B）、1跨3（A→C），依位置順序重複操作編結成型。

06 將B跨到C編結。

07 將D跨到B編結。

08 將A跨到C編結。

09 將B跨到C編結。

10 將D跨到B編結。

11 將A跨到C編結。

12 重複依序操作至底，收口按壓密合。

> 兩端收口要確實收合捏緊，避免裂開，影響成型外觀。

13 由兩側邊輕按壓、搓揉整型，彎折成U型，排放烤盤，最後發酵約60分鐘（濕度75%、溫度28℃）。

> 編辮時不必刻意編得太緊密，順勢自然編結即可。

14 在表面輕柔塗刷蛋液、撒上珍珠糖。

> 珍珠糖烘烤後不會融化，會形成脆脆的口感。

烘烤

15 以上火200℃／下火180℃，烤約10分鐘。

> 烘烤中若已產生色差，可掉頭轉向再烘烤。

no.9

Apple Rose
Bread

蘋果玫瑰花卷

柔軟的麵皮與軟香的糖漬蘋果
片的絕美組合。把一片片糖漬
蘋果堆疊捲成的花朵般外型，
宛如綻放的玫瑰，增添了獨特
的風味與外觀，浪漫感十足又
美味的蘋果花麵包。

no.9

蘋果玫瑰花卷

份量：11個
模型：大圓模型
94×83×35mm

INGREDIENTS

｜液種｜

法國粉…75g
鮮奶…75g
新鮮酵母…0.25g

｜主麵團｜

Ⓐ 高筋麵粉…175g
　 新鮮酵母…9g
　 細砂糖…38g
　 岩鹽…4.5g
　 全脂奶粉…5g
　 全蛋…50g
　 蛋黃…38g
Ⓑ 無鹽奶油…83g

｜夾層餡｜（每份）

杏仁餡（→P31）…15g
蘋果切片10片

｜表面用｜

覆盆子粉、珍珠糖

HOW TO MAKE

蘋果片

01 檸檬水。檸檬汁（50g）、鹽（1g）水（200g）、混合。

02 蘋果去除果籽，切成厚度一致薄片，浸泡檸檬水中防止氧化變色。

03 使用時瀝乾水分，用餐巾紙拭乾備用。

選用艷紅外皮的蘋果，成型的花朵型色澤會較美觀。
蘋果片浸泡檸檬水，除了軟化質地較好操作外，也可避免蘋果因氧化所產生的褐變。

攪拌、基本發酵

04 麵團攪拌～基本發酵與「基本布里歐麵團B」P48，作法1-11製作相同。整理麵團成圓滑狀，基本發酵60分鐘。

分割、滾圓、中間發酵

05 麵團分割成10g×5個，滾圓整成表面平滑的圓形，中間發酵30分鐘。

整型、最後發酵

06 將麵團輕拍，用拇指與中指腹碰觸轉動，輕滾整圓、稍拍壓扁。

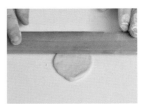

07 擀壓成直徑約5cm圓形片，翻面。

08 將5圓形片為組，一片片稍重疊鋪放成長片狀。

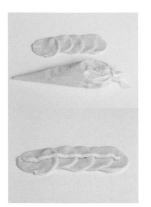

09 杏仁餡製作參見P31。在中間處擠上杏仁餡（約15g）。

10 將蘋果片果皮朝外，一片一片稍重疊鋪放麵皮的頂部長邊端（約1/2高）（約10片）。

11 將麵團底部朝上輕壓折疊，稍覆蓋住蘋果片。

12 從一側邊朝另一側邊捲起至底貼合黏緊，收口於底，成花朵型。

13 將花型麵團收口朝底，放入模型中（大圓模、或4吋菊花模），最後發酵約60分鐘（濕度75%、溫度28℃）。

烘烤、裝飾

14 以上火200℃／下火200℃，烤約10分鐘。脫模，放涼。

15 待冷卻，表面篩撒一層薄薄的覆盆子粉、珍珠糖裝點即可。

菊花模造型

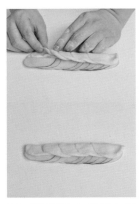

大圓模造型

Tarte Tropezienne

....

聖特羅佩塔

源於法國南部聖特羅佩的家常點心麵包。夾層的內餡是混合了香草的溫潤卡士達奶油餡,鬆軟的布里歐,與外層顆粒狀的酥菠蘿更添口感風味,充分冷卻後享用更加的美味。

份量：12個

INGREDIENTS

| 麵團 |

Ⓐ 高筋麵粉…250g
　法國老麵（→P28）…50g
　上白糖…50g
　鹽…5g
　新鮮酵母…10g
　全蛋…110g
　鮮奶…25g
Ⓑ 發酵奶油…125g

| 酥菠蘿 |

發酵奶油…60g
細砂糖…60g
低筋麵粉…120g

| 內餡 |

卡士達奶油餡（→P30）

| 表面用 |

蛋液、防潮糖粉

HOW TO MAKE

酥菠蘿

01　將奶油、細砂糖攪拌均勻，加入過篩低筋麵粉拌勻成團，用篩網過篩成細粒狀。

攪拌麵團

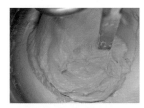

02　將法國老麵P28、其他材料Ⓐ混合，以慢速攪打成團，轉中速攪拌至光滑。

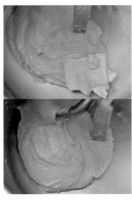

03　分次加入奶油慢速攪拌均勻，轉中速攪拌至麵筋形成均勻薄膜（終溫24℃）。

基本發酵

04　整理麵團成圓滑狀，基本發酵60分鐘。

分割、滾圓、中間發酵

05　麵團分割成50g，滾圓整成表面平滑的圓形，中間發酵30分鐘。

整型、最後發酵

06　將麵團輕拍擠壓出氣體，用拇指和小指腹側面碰觸麵團轉動，輕滾整圓。

07　將麵團表面塗刷蛋液，沾上酥菠蘿，排列烤盤上，最後發酵約60分鐘（濕度75％、溫度28℃）。

烘烤、擠餡

08　以上火210℃／下火180℃，烤10分鐘，待冷卻將麵包體橫剖切開。

09　將卡士達奶油餡裝入擠花袋（圓形花嘴），在表面擠入內餡，覆蓋表層組合，表面篩撒糖粉。

no.11

Chocolate Brioche

杏仁巧克力

將巧克力餡裹入麵團中捲成長棒狀製作，巧克力的香甜與杏仁的渾厚搭成絕妙的好味，柔軟濕潤、不甜膩，老少咸宜的甜點麵包。

份量：6個

INGREDIENTS

| 麵團 |

Ⓐ 高筋麵粉…250g
　 法國老麵（→P28）…50g
　 上白糖…50g
　 鹽…5g
　 新鮮酵母…10g
　 全蛋…110g
　 鮮奶…25g
Ⓑ 發酵奶油…125g

| 巧克力杏仁餡 |

Ⓐ 發酵奶油…110g
　 上白糖…110g
　 全蛋…95g
Ⓑ 杏仁粉…110g
　 低筋麵粉…25g
　 肉桂粉…5g
Ⓒ 蘭姆酒…7g
　 水滴巧克力…450g

| 表面用 |

蛋液

HOW TO MAKE

巧克力杏仁餡

01 將材料Ⓐ拌勻，加入過篩材料Ⓑ混拌至無粉粒，加入蘭姆酒，拌入水滴巧克力拌合。

攪拌、基本發酵

02 法國老麵製作參見P28。麵團攪拌～基本發酵參見「聖特羅佩塔」P62，作法2-4製作。整理麵團成圓滑狀，基本發酵60分鐘，拍平、翻麵再發酵約30分鐘。

分割、滾圓、中間發酵

03 麵團分割成500g，滾圓整成表面平滑的圓形，中間發酵30分鐘。

整型、最後發酵

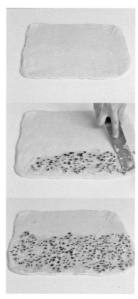

04 將麵團輕拍擠壓出氣體，滾圓，輕拍壓扁，擀壓成30×30cm片狀，翻面、表面1/2處抹上巧克力杏仁餡（約500g），預留底部1/2（麵團需先充分冰硬後再塗抹餡料，若後續過程中覺得麵團變軟，需隨時將麵團冷凍冰硬，避免烘烤時變形）。

05 將麵團由底部往上對折成半，冷凍30分鐘、冰硬。取出，切除左右側邊，再切成寬約5cm長段。

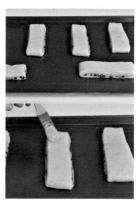

06 排放入烤盤，最後發酵50分鐘（濕度75%、溫度28℃），表面塗刷全蛋液。

烘烤

07 以上火210℃／下火180℃，烤約12分鐘。

Vienna Bread

....

焦糖檸檬維也納

外表看似硬挺，內裡Q韌柔軟的
軟法麵包，搭配濃郁的焦糖檸檬
奶油餡夾心，添加點現刨的檸檬
皮屑，更添清新風味。

份量：5個

INGREDIENTS

|麵團|

Ⓐ 高筋麵粉…250g
　　細砂糖…13g
　　鹽…5g
　　新鮮酵母…7g
　　水…125g
Ⓑ 發酵奶油…40g

|焦糖檸檬奶油餡|

發酵奶油…1000g
焦糖…750g
檸檬皮屑…20g
檸檬汁…20g

|表面用|

蛋液、翻糖花、檸檬皮屑

HOW TO MAKE

焦糖檸檬奶油餡

01 焦糖。鮮奶油350g
小火加熱。細砂糖500g
小火加熱煮至呈焦糖
色，再加入煮溫熱的鮮
奶油拌煮至沸騰。

02 發酵奶油攪拌鬆發，
加入焦糖750g、檸檬
皮、檸檬汁攪拌均勻。

攪拌麵團

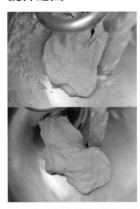

03 將材料Ⓐ混合以慢
速攪拌成團，轉中速攪
拌至光滑面。

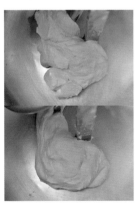

04 加入發酵奶油慢速
攪拌至均勻，轉中速攪
拌至麵筋形成均勻薄膜
（終溫24℃）。

基本發酵

05 將麵團整理為表面平
滑的圓球狀，基本發酵
50分鐘。

分割、滾圓、中間發酵

06 麵團分割成80g，
滾圓整成表面平滑的圓
形，中間發酵30分鐘。

整型、最後發酵

07 將麵團輕拍擠壓出
氣體，用指腹側面碰觸
麵團轉動，輕滾整圓，
輕拍壓扁，擀成橢圓片
狀，翻面。

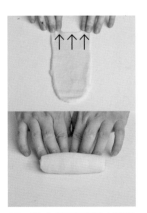

08 將底部延壓開（幫助
黏合），從前端往下折
小圈稍按壓緊，再捲折
收口於底成圓筒狀，稍
搓揉兩端整型。

09 在表面淺劃出深度約
0.2cm的7道斜紋刀口，
最後發酵60分鐘（濕度
75%、溫度28℃），表
面塗刷蛋液。

烘烤、裝飾

10 以上火200℃／下火
200℃，烤約10分鐘。待
冷卻，從麵包中間縱切
剖開（不切斷），擠入
焦糖檸檬奶油餡、撒上
檸檬皮屑，用翻糖花點
綴。

no.13

Raisin Brioche

....

蕾夢糖霜葡萄卷

柔軟的布里歐中鑲著蘭姆杏仁
餡、酒漬葡萄乾,蘭姆酒的淡淡
香氣,加上外層清新檸檬糖霜,
酸度與香氣恰到好處,多了香
甜、少了甜膩。

份量：15個

INGREDIENTS

| 中種麵團 |

Ⓐ 高筋麵粉…175g
　 高糖乾酵母…3g
　 鹽…0.5g
　 奶粉…8g
　 麥芽精…0.5g
　 蛋黃…50g
　 全蛋…75g
　 可爾必思…13g
Ⓑ 發酵奶油…50g

| 主麵團 |

Ⓒ 高筋麵粉…75g
　 鹽…2.5g
　 細砂糖…63g
　 全蛋…63g
Ⓓ 發酵奶油…75g

| 蘭姆杏仁餡 |

無鹽奶油…200g
細砂糖…200g
全蛋…170g
杏仁粉…200g
低筋麵粉…40g
蘭姆酒…10g

| 酒漬葡萄乾 |

葡萄乾…200g
蘭姆酒…100g
肉桂粉…0.02g

| 表面用 |

檸檬糖霜（→P44）
檸檬皮屑、翻糖花

HOW TO MAKE

蘭姆杏仁餡

01 將奶油、細砂糖先攪拌均勻，分次加入全蛋攪拌融合，加入過篩杏仁粉、低筋麵粉攪拌至無粉粒，加入蘭姆酒拌勻，覆蓋保鮮膜，待冷卻。

酒漬葡萄乾

02 將所有材料混合拌勻浸泡至充分入味約3天。

攪拌麵團

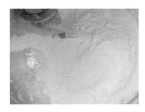

03 中種麵團。將過篩的高筋麵粉、奶粉、酵母與鹽放入攪拌缸中混合拌勻。

04 全蛋、蛋黃、麥芽精、可爾必思用打蛋器攪拌混合，倒入作法③中，用慢速混合攪拌，轉中速繼續攪拌至成團。

> 在此時加入奶油，否則一旦過度攪拌致產生過多筋性，奶油就不容易混合均勻。

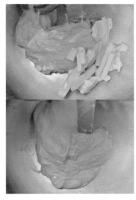

05 再加入奶油，繼續中速攪拌均勻至麵團不沾黏（終溫24℃）。

06 將麵團放置室溫發酵約1小時，再冷藏（5℃）發酵約24小時。

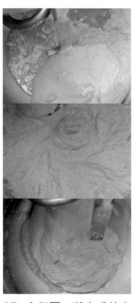

07 主麵團。將完成的中種麵團、材料Ⓒ混合慢速攪打混拌，整體均勻混拌，整合麵團，轉中速攪拌至光滑成團呈粗糙薄膜。

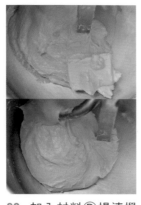

08 加入材料Ⓓ慢速攪拌均勻，中速攪拌均勻至麵筋形成均勻薄膜（終溫24℃）。

基本發酵

09 將麵團整理為表面平滑的圓球狀，接合口朝下，覆蓋保鮮膜，基本發酵60分鐘。

分割、滾圓、中間發酵

10 麵團分割成600g，滾圓整成表面平滑的圓形，中間發酵30分鐘。

整型、最後發酵

11 將麵團擀壓成長44×寬26cm長方片。

12 在2/3處均勻抹上蘭姆杏仁餡（約260g），表面撒上酒漬葡萄乾（約100g）。

13 由外側朝內折入圈狀、邊按壓稍做固定，往內捲起至底成圓柱狀，用塑膠袋包覆冷藏冰硬。

> 麵團捲好後，需先冰硬定型再分割，避免分割時造成麵團變形與餡料溢出。

14 將冰硬的麵團，分切成3cm小段（約60-65g），切面朝上排放烤盤。

15 最後發酵60分鐘（濕度75%、溫度28℃），均勻塗刷蛋液。

烘烤、裝飾

16 以上火200℃／下火180℃，烤約10分鐘。待冷卻，用三角紙裝填檸檬糖霜，在表面擠上糖霜裝飾，撒上檸檬皮屑、放上翻糖花。

Pandoro

....

潘朵洛黃金麵包

又稱義大利黃金麵包，是款世界級的知名豪華麵包。以如蛋糕般的柔軟金黃色澤，獨特八角星形外型最具特性，帶有濃郁的奶油香氣與蛋香，內裡綿密入口即化，宛如蛋糕般的細緻質地，一款豐潤的節慶滋味。

no.14

潘朵洛黃金麵包

份量：7個
模型：八星菊花模（大）
173×131mm

INGREDIENTS

｜中種麵團｜

Ⓐ 高筋麵粉…500g
　 細砂糖…100g
　 新鮮酵母…20g
　 鮮奶…30g
　 動物鮮奶油…200g
　 蛋黃…300g

Ⓑ 發酵奶油…200g

｜主麵團｜

Ⓒ 高筋麵粉500g
　 魯邦種（→P26）…100g
　 鹽…12g
　 細砂糖…300g
　 鮮奶…100g
　 蛋黃…300g

Ⓓ 發酵奶油…400g

HOW TO MAKE

攪拌麵團

01 中種麵團。將材料Ⓐ慢速混合攪拌，轉中速攪拌至成團光滑面。

02 分次加入材料Ⓑ慢速攪拌均勻，繼續中速攪拌均勻至形成均勻薄膜麵團不沾黏（終溫22℃）

03 將麵團放置室溫（26℃）發酵約40分鐘，再冷藏（6℃）發酵約24小時。

04 主麵團。將完成的中種麵團、魯邦種、其他材料Ⓒ慢速攪拌混拌，整體均勻混拌，轉中速攪拌至光滑面。

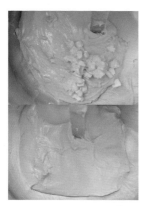

05 分次加入材料Ⓓ慢速攪拌均勻，轉中速攪拌至麵筋形成均勻薄膜（終溫24℃）。

此款麵包奶油含量高，因此攪拌時奶油需放於冷藏中，分成3-4次加入攪拌融合，再加入繼續攪拌至完成，避免因攪拌時間過長致使麵團溫度過高。

基本發酵

06 將麵團整理成表面平滑，基本發酵45分鐘。

分割、滾圓、中間發酵

07 麵團分割成400g，滾圓整成表面平滑的圓形，中間發酵30分鐘。

整型、最後發酵

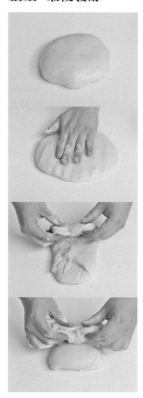

08 將麵團輕拍壓擠出氣體，翻面，從底側折向內對折使麵團鼓起，轉向，再由底側向內對折。

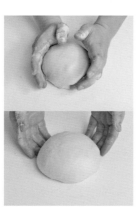

09 滾動麵團往底部收合，用雙手貼靠麵團整型收合成圓形，捏緊底部收口。

10 收口朝上，放入八星菊花模中，最後發酵3小時（濕度75%、溫度28℃）。

烘烤

11 以上火190℃／下火190℃，烤約30分鐘。脫模，放涼。

12 或分切成星形片，依序堆疊成聖誕樹型，頂部表層篩撒糖粉。

no.15

Kranz Kuchen

克蘭茲特翰

柔軟香甜的麵包體，夾層香甜化
口的巧克力大理石，香甜的大理
石為麵包增添濃郁的味道香氣，
切開的斷面看得到大理石般的漂
亮紋理，美觀又可口。

no.15

| 克蘭茲特翰 |

份量：9個

INGREDIENTS

│ 麵團 │

Ⓐ 高筋麵粉…450g
　低筋麵粉…50g
　鹽…5g
　細砂糖…100g
　高糖乾酵母…6g
　水…200g
　全蛋…75g
　奶粉…15g
　動物鮮奶油…40g
Ⓑ 發酵奶油…75g

│ 折疊裹入 │

巧克力大理石片…250g

│ 珍珠糖 │

蛋液、珍珠糖

HOW TO MAKE

攪拌麵團

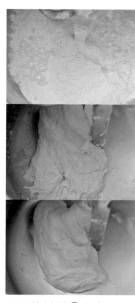

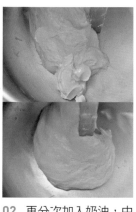

02 再分次加入奶油，中速攪拌均勻至光滑約8分筋（終溫24℃）。

01 將材料Ⓐ乾性粉料放入攪拌缸中混合拌勻，再加入其他的液態材料慢速攪打混拌均勻，轉中速繼續攪拌至成團。

冷藏鬆弛

03 將麵團（1016g）整理圓滑，室溫（28℃）發酵約30分鐘。輕拍壓麵團排出氣體，按壓平整，放入塑膠袋中，冷藏（5℃）鬆弛約12小時。

裹入大理石片

04 將冷藏鬆弛的麵團延壓薄成長片45×28cm，寬度與大理石片相同，長度約為大理石片2倍。

05 將巧克力大理石片擺放麵團中間（左右長度相同）。

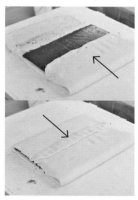

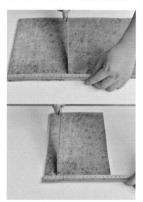

分割、整型、最後發酵

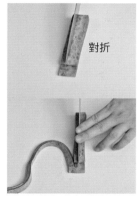

06 將左右側麵團朝中間折疊，包覆大理石片，並將接口處捏緊密合，避免空氣進入，完全包覆，避免大理石外溢。

08 裁切兩側邊使其平整。將一側2/3向內折疊，另一側1/3向內折疊。再對半折起，折疊成4折（**4折1次**）。

11 依法將一側2/3向內折疊，另一側1/3向內折疊。再對半折起，折疊成4折（**4折2次**）。

14 將麵團裁切成長30×寬17cm長片，再分切成3cm寬長條狀（約80g）。

折疊4折2次

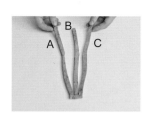

07 用壓麵機延壓均勻至平整，重複擀壓延展至寬約34cm，轉向延壓至120cm。

09 用擀麵棍稍按壓，使麵團與大理石片緊密貼合，用塑膠袋包覆，冷凍鬆弛約30分鐘。

12 用擀麵棍稍按壓，使麵團與大理石片緊密貼合，用塑膠袋包覆，冷凍鬆弛約30分鐘。

15 將長條狀麵團（3×17cm）先對折（底層稍長於上層），由前端處縱切兩刀成3條。

10 將麵團放置撒有高筋麵粉的檯面上，依法擀壓延展平整至厚約0.5cm。

13 將麵團延壓平整展開，先就麵團寬度壓至寬約34cm長片，再轉向擀壓延展平整出長度、厚度約0.5cm，對折後用塑膠袋包覆，冷凍鬆弛約30分鐘。

16 將3條麵團頂部按壓固定、斷面朝上，以編三股辮的方式順勢編結至底。

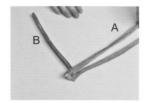

17 將A→B編結。

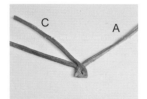

18 將C→A編結。

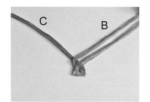

19 將B→C編結。

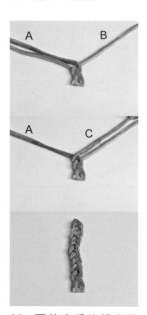

20 再依序重複操作將麵團由A→B、C→A、B→C編辮到底，編結成三股辮。

21 將兩側邊接合整型成環形狀，收口按壓密合，排列烤盤中，放置室溫30分鐘，待解凍回溫。

22 再放入發酵箱，最後發酵約60分鐘（溫度28℃，濕度75%），放室溫稍靜置乾燥，塗刷蛋液。

23 撒上珍珠糖。

烘烤

24 以上火200℃／下火180℃，烤約12分鐘。

自製巧克力大理石

INGREDIENTS

Ⓐ 鮮奶90g、發酵奶油20g

Ⓑ 蛋白70g、細砂糖125g

Ⓒ 低筋麵粉40g、玉米粉10g、可可粉50g

HOW TO MAKE

① 材料Ⓐ煮沸。

② 將材料Ⓑ攪拌均勻，加入到材料Ⓐ中邊拌邊煮至沸騰。

③ 再加入混合過篩材料Ⓒ拌勻至濃稠無顆粒狀態。

④ 待降溫（約40℃），倒入塑膠袋中，稍壓平整、擠出空氣。

⑤ 用擀麵棍擀壓成18×18cm片狀（355g），冷藏冰硬。

Stollen

史多倫聖誕麵包

也稱聖誕麵包，正如其名為德國聖誕節慶的糕點，相傳源於外型形象「襁褓中的聖嬰」之義，是款歷史悠久的麵包。口感軟綿，香氣撲鼻，表層覆蓋雪白糖粉裝飾，帶著奢華的甜蜜滋味，美味又耐保存的華麗聖誕點心。

no.16

史多倫聖誕麵包

份量：7個
模型：史多倫模型

INGREDIENTS

| 中種麵團 |

高筋麵粉…285g
新鮮酵母…113g
水…190g

| 主麵團 |

Ⓐ 高筋麵粉…850g
　　全蛋…150g
　　上白糖…338g
　　鹽…13g
　　鮮奶…113g
Ⓑ 發酵奶油…480g
Ⓒ 綜合果乾…1296g
Ⓓ 杏仁膏…560g

| 表面用 |

不濕糖

| 綜合果乾 |

葡萄乾…850g
夏威夷豆…45g
桔皮丁…140g
檸檬丁…140g
核桃…20g
肉桂粉…1g
白酒…100g

HOW TO MAKE

綜合果乾

01 夏威夷豆、核桃用上下火150℃，烤約15分鐘，待冷卻使用。將所有材料混合拌勻浸泡至充分入味約3個月（每天需翻動一次）。

澄清奶油

02 發酵奶油（份量外2000g）小火加熱融化後，將奶油表面的雜質浮沫撈除，過濾，濾取中間層金黃澄澈的澄清奶油使用（澄清奶油是指加熱無鹽奶油融化後，過濾去除底部沈澱的部分，取用中層金黃清澈的液體油使用）。

攪拌麵團

03 中種麵團。將過篩的高筋麵粉、新鮮酵母、水攪拌均勻至產生黏性，覆蓋保鮮膜，放置室溫發酵約1小時。

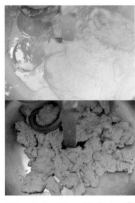

04 主麵團。將作法③中種麵團、所有材料Ⓐ混合慢速攪打混拌，整體均勻混拌。

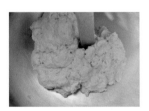

05 用刮刀刮取沾黏的麵團，整合麵團，轉中速繼續攪拌至光滑成團。

06 分次加入材料Ⓑ慢速攪拌均勻，轉中速攪拌至8分筋。

07 將麵團輕拍平整，延展成四方片，表面均勻鋪放酒漬綜合果乾。

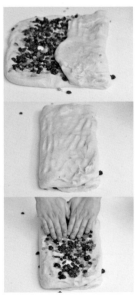

08 從麵團一側向中間折疊1/3，另一側再向中間折疊1/3處，表面再鋪放果乾。

09 從內側往中間折疊1/3，外側往中間折疊1/3，翻面使折疊收合的部分朝下。

10 再將麵團依法重複3折操作，將果乾翻折均勻（終溫26℃）。

基本發酵

11 將麵團整理成表面平滑，覆蓋保鮮膜，基本發酵40分鐘，輕拍平整麵團。

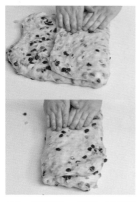

12 從麵團一側往中間折疊1/3，另一側往中間折疊1/3。

13 稍輕拍均勻，轉向，從外側向中間折疊1/3，內側向中間折疊1/3，收合部分朝下，再發酵約20分鐘。

分割、中間發酵

14 麵團分割成500g。將麵團朝底部拉攏收合，整成表面平滑的橢圓，中間發酵30分鐘。

整型、最後發酵

15 將麵團輕拍壓擠出氣體，翻面，將杏仁膏分切成7等份（80g）搓揉成圓條鋪放麵團中間。

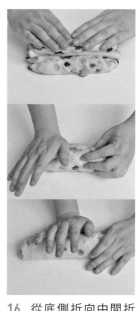

16 從底側折向中間折1/3、按壓緊接合口，再將前側向中間折1/3、按壓接合口，滾動麵團按壓接合口，均勻輕拍，對折、收合於底。

17 搓揉均勻成型，放置烤盤。

18 用史多倫模型覆蓋住麵團，最後發酵50分鐘（濕度75％、溫度30℃）。

烘烤、裝飾

19 以上火210℃／下火190℃，烤約45分鐘。脫模，趁熱塗刷作法②澄清奶油3-5次，放置網架上待完全滲入麵包體，待冷卻，沾裹厚厚一層的不濕糖。

06 將麵團輕拍平整，延展成四方片，表面均勻鋪放綜合水果乾，用刮刀切拌。

07 將麵團從一側向中間折疊1/3，另一側再向中間折疊1/3，重複2次操作將果乾翻拌均勻（終溫26℃）

基本發酵

08 將麵團整理成表面平滑，覆蓋保鮮膜，基本發酵60分鐘。

分割、滾圓、中間發酵

09 麵團分割成320g，滾圓整成表面平滑的圓形，中間發酵20分鐘。

整型、最後發酵

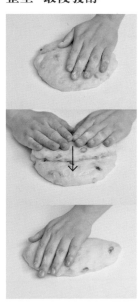

10 將麵團輕拍壓擠出氣體，翻面，從底部向內對折使麵團鼓起，輕拍均勻。

11 轉向，再由底部向內折疊捲起。

12 用雙手貼靠麵團滾動塑型成圓形，以手指捏緊底部收口，收口朝下，放入紙模中。

13 沿著麵團周圍緊壓，讓中央的麵團隆起，最後發酵2小時（濕度80％、溫度35℃）。

14 在表面用割紋刀，切割出十字切紋，再由切紋底部片開表層麵皮至邊緣。

也可用6吋蛋糕模型來製作（麵團分割350g），整型發酵、烘烤。

15 將奶油擠在片開的中心部分，再將翻開的麵皮往中間覆蓋。

烘烤

16 以上火180℃／下火 180℃，烤約40分鐘。

17 完成烘烤後，用2根 長鐵針平行的串插底部 兩側。

18 倒吊在層架上放涼。

在麵團表面切劃出十字 刀痕，沿著切口片起表 層麵皮，再擠上發酵奶 油，能有助於麵團的膨 脹，同時也可讓奶油可 從切口滲透至整個麵團 裡，形成漂亮外型。

Chapter

02

／折疊手藝的
可頌丹麥

丹麥麵包（Danish Pastry）的由來，據說起源於丹麥哥本哈根的一場麵包師的大罷工，因為這場大規模的抗爭，致使奧地利麵包師的入境，就此將維也納千層酥皮的製作技術帶入丹麥。也在這時期，丹麥當地的麵包師受到外來的麵包技術啟發，運用更多奶油、蛋的結合，發展出丹麥人的麵包；而為了向帶入技術的奧地利人，表達對丹麥麵包的貢獻致敬，丹麥人也一直將這種麵包稱呼為「Wienerbrød」，也就是「維也納麵包」之意。

丹麥麵包，有別於其他種類的麵包，以多層酥軟口感，風靡世界享譽盛名。酥脆的外層與鬆軟溫潤的內裡，可直接食用外，更可與不同溫度的食材搭配，像是冰淇淋、鮮奶油類，或者火腿、起司片等，享受不同的吃法樂趣。

以麵皮包覆奶油反覆折疊出層次，烘烤成的可頌丹麥，以帶有濃郁的奶油香氣，酥脆外皮，以及柔軟內裡口感為最大特色。由於是麵團與奶油層疊延壓，製作過程中最重要的是保持麵團的冰涼（低溫），不能讓奶油融化。

基本丹麥麵團C

INGREDIENTS

│麵團│

法國粉…500g
鹽…10g
新鮮酵母…20g
麥芽精…1g
細砂糖…40g
奶粉…25g
水…225g
發酵奶油…25g

│折疊裹入│

片狀奶油…250g

HOW TO MAKE

攪拌麵團

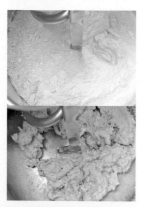

01 將過篩的法國粉、奶粉與其他材料（酵母除外）放入攪拌缸中混合拌勻，用慢速攪打整體混拌均勻。

02 加入新鮮酵母拌勻，轉中速攪拌成團至麵筋形成粗薄膜（終溫25℃）。

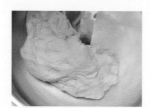

03 確認麵團筋度。取麵團延展拉出的質地略粗糙、裂口不平整（約6-7分筋）。

基本發酵

04 將麵團整理為表面平滑的圓球狀，接合口朝下，覆蓋保鮮膜，基本發酵30分鐘。

冷藏鬆弛

05 整理麵團壓拍平，按壓平整成長方狀，放置塑膠袋中，冷藏（5℃）鬆弛約12-14小時。

折疊裹入／包裹入油

06 將裹入油擀平，平整至成軟硬度與麵團相同的長方狀。

> 進行折疊擀壓時全程要維持在冰冷的狀態下進行，一旦麵團溫度升高質地變軟，就要放回冷藏。

07 將麵團延壓薄成長方片，寬度相同，長度約裹入油2倍長。

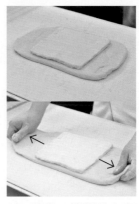

08 將裹入油擺放在麵團中間（左右長度相同），並將麵團往兩側輕拉延展。

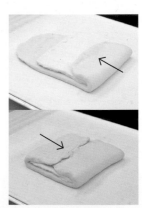

09 將左右側麵團朝中間折疊，包覆裹入油，並將接口處捏緊密合，避免空氣進入。

折疊裹入／3折3次

10 用擀麵棍先擀壓平，再以壓麵機延壓均勻至平整，重複擀壓延展至厚約0.7cm的長方片。

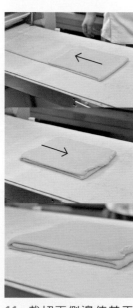

11 裁切兩側邊使其平整。將左側1/3向內折疊，再將右側1/3向內折疊。折疊成3折（**3折1次**）。

12 用擀麵棍稍按壓，使麵團與奶油緊密貼合，用塑膠袋包覆，冷凍鬆弛約30分鐘。

13 將麵團放置撒有高筋麵粉的檯面上，依法擀壓延展平整至厚約0.7cm。

14 依法將一側1/3向內折疊，另一側1/3向內折疊。折疊成3折（**3折2次**）。

15 用擀麵棍稍按壓，使麵團與奶油緊密貼合，用塑膠袋包覆，冷凍鬆弛約30分鐘。

16 將麵團放置撒有高筋麵粉的檯面上，依法擀壓延展平整至厚約0.7cm。

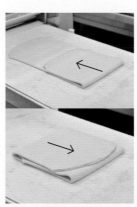

17 依法將一側1/3向內折疊，另一側1/3向內折疊。折疊成3折（**3折3次**）。

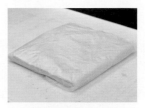

18 用擀麵棍稍按壓，使麵團與奶油緊密貼合，用塑膠袋包覆，冷凍鬆弛約30分鐘。

整型前的延壓

19 將麵團延壓平整展開，先就麵團寬度壓至寬約18cm長片。

20 再轉向擀壓延展平整出長度、厚度約0.5cm，對折後用塑膠袋包覆，冷凍鬆弛約30分鐘。

Custard Danish

....

大溪地卡士達丹麥

丹麥麵團為味道較偏近甜點的甜
麵團,將丹麥麵團透過不同外型
與食材搭配,就能有無限的變
化,用基本的麵團,變化出款款
奢華又美味的組合吧!

份量：8個
模型：上寬90×下寬80×高54mm

INGREDIENTS

| 麵團 |

法國粉…500g
鹽…10g
新鮮酵母…20g
麥芽精…1g
細砂糖…40g
奶粉…25g
水…225g
發酵奶油…25g

| 折疊裹入 |

片狀奶油…250g

| 內餡 |

卡士達餡（→P30）

| 表面用 |

防潮糖粉
乾燥草莓碎粒

HOW TO MAKE

攪拌、冷藏鬆弛

01 麵團攪拌、基本發酵～冷藏鬆弛與「基本丹麥麵團C」P88，作法1-5製作相同。整理麵團壓拍平，按壓平整成長方狀，放置塑膠袋中，冷藏（5℃）鬆弛約12-14小時。

包裹、折疊裹入

02 麵團的折疊裹入、3折3次與「基本丹麥麵團C」P88，作法6-18製作相同。

03 由冷藏取出丹麥麵團。將麵團延壓平整展開，先就麵團寬度壓至寬約18cm長片。

04 再轉向擀壓延展平整出長度、厚度約0.5cm，對折後用塑膠袋包覆，冷凍鬆弛約30分鐘。

分割、整型、最後發酵

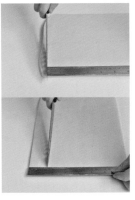

05 將麵團左右側邊切除，裁切成4×34cm長方片（約90g），覆蓋塑膠袋冷藏鬆弛約30分鐘。

06 將麵團由內側捲折、中間留直徑約0.2cm的圈圈空隙，再由起始端稍微拉起捲成螺旋狀，收合口捏緊，放入模型中，放置室溫30分鐘，待解凍回溫（麵團捲起時若未留空隙，在發酵與烘烤時會致使麵團變形而無法烤出螺旋造型）。

07 放入發酵箱，最後發酵約60分鐘（溫度28℃，濕度75%），取出放置室溫稍乾燥。

烘烤、裝飾

08 以上火220℃／下火210℃，烤約15分鐘。脫模，放涼。

09 擠花袋（圓形花嘴）填裝卡士達餡。用小刀由表面戳小孔洞，由孔洞擠入卡士達餡（50g）。

10 表面篩撒防潮糖粉、乾燥草莓碎粒。

Arrange
丹麥造型的變化

裁成10×10cm的正方片（約65g）。
造型可透過不同的方式變化。

造型A

01 裁切10×10cm的正方片（約65g）。

02 將相對的兩對角往中間對折。

03 成型。（在兩側尖端處擠水果餡）

造型B

01 將相對的兩對角往中間對折。

02 再將另相對的兩對角往中間對折。

03 成型。（在表面擠餡，搭配圓形模）

造型C

01 將正方片對半折起。

02 由接合對角處下為中心點，往兩側邊切劃開至底。

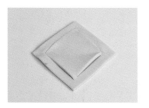

03 攤展開。

04 由兩側邊成型切口，往中間交錯折疊。

05 成型。（在方框內擠餡）

造型D

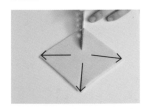

01 在中心處下往四個角切劃刀口（中間預留，擠內餡）。

02 將切口單側的麵皮往中心處折疊。

03 依序往內折疊，成形風車型。

04 成型。（中心處鋪放堅果緊密按壓）

Vegetable
Bacon Danish

....

蔬活培根丹麥

剛烤出爐熱騰騰丹麥，撲鼻的香氣與口感最是引人！嚐得到滲入的培根奶油香，加上酥脆的口感，搭配的協調對味，口味與外觀奢華的調理丹麥

no.19

| 蔬活培根丹麥 |

份量：10個
模型：外L180×W85×H36mm
　　　內L170×W70×H35mm

INGREDIENTS

| 麵團 |

法國粉…500g
鹽…10g
新鮮酵母…20g
麥芽精…1g
細砂糖…40g
奶粉…25g
水…225g
發酵奶油…25g

| 折疊裹入 |

片狀奶油…250g

| 培根蔬菜餡 |

高麗菜…250g
培根丁…110g
火腿丁…80g
蒜粉…15g
沙拉醬…300g
起司絲…80g

| 表面用 |

蛋液
乾燥香蔥
起司絲…200g

HOW TO MAKE

培根蔬菜餡

01 培根切丁，高麗菜切小片狀，將所有材料混合拌勻。

攪拌、冷藏鬆弛

02 麵團攪拌、基本發酵～冷藏鬆弛與「基本丹麥麵團C」P88，作法1-5製作相同。整理麵團壓拍平，按壓平整成長方狀，放置塑膠袋中，冷藏（5℃）鬆弛約12-14小時。

包裹、折疊裹入

03 麵團的折疊裹入、3折3次與「基本丹麥麵團C」P88，作法6-18製作相同。

04 由冷藏取出丹麥麵團。將麵團延壓平整展開，先就麵團寬度壓至寬約18cm長片。

05 再轉向擀壓延展平整出長度、厚度約0.7cm，對折後用塑膠袋包覆，冷凍鬆弛約30分鐘。

分割、整型、最後發酵

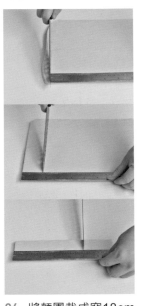

06 將麵團裁成寬18cm（厚0.7cm）長片，左右側邊切除，再裁切成15×5cm（約90g），覆蓋塑膠袋冷藏鬆弛約30分鐘。

07 將麵團對半折起，在切口邊緣下2cm處從中間縱切（不切斷）。

08 麵團切口稍攤開，將一側端由上往中間的切口穿入，由底部拉出。

09 另一側端由下往中間切口穿入往上拉出。

10 依法重複將前後端麵團往上、下翻折各2次（**共4次**）、成型。

11 將麵團放入模型中，放置室溫30分鐘，待解凍回溫。

12 再放入發酵箱，最後發酵約60分鐘（溫度28℃，濕度75%）。

13 取出放置室溫稍乾燥，表面塗刷蛋液、鋪放培根蔬菜餡（30g）、起司絲（約20g）。

烘烤、裝飾

14 以上火220℃／下火210℃，烤約15分鐘。

15 完成後脫模，置於網架上放涼。表面撒上乾燥香蔥。

培根蔬菜餡含大量的高麗菜，會影響麵包體的上色狀況，因此建議出爐前先確認丹麥吐司側邊是否已著色，再出爐。

no.20

Danish Toast

....

莓果糖霜丹麥

外皮酥脆內裡柔軟，濕潤口感中帶
著濃郁奶香，粉紅覆盆子糖霜沾裹
在丹麥吐司外圍，形成優雅的色
澤，再搭配草莓乾燥碎的點綴，層
次口感更加分明，清爽不甜膩。

份量：2個
模型：內徑181×91×77mm、下徑170×73mm

INGREDIENTS

｜麵團｜

法國粉…500g
鹽…10g
新鮮酵母…20g
麥芽精…1g
細砂糖…40g
奶粉…25g
水…225g
發酵奶油…25g

｜折疊裹入｜

片狀奶油…250g

｜粉紅糖霜｜

糖粉…180g
檸檬汁…36g
覆盆子果泥…2g

｜表面用｜

草莓乾燥碎粒、防潮糖粉

HOW TO MAKE

攪拌、冷藏鬆弛

01 麵團攪拌、基本發酵～冷藏鬆弛與「基本丹麥麵團C」P88，作法1-5製作相同。整理麵團壓拍平，按壓平整成長方狀，放置塑膠袋中，冷藏（5℃）鬆弛約12-14小時。

包裹、折疊裹入

02 麵團的折疊裹入、3折3次與「基本丹麥麵團C」P88，作法6-18製作相同。

03 由冷藏取出丹麥麵團。將麵團延壓平整展開，先就麵團寬度壓至寬約18cm長片。

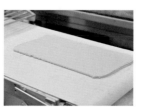

04 再轉向擀壓延展平整出長度、厚度約0.7cm，對折後用塑膠袋包覆，冷凍鬆弛約30分鐘。

分割、整型、最後發酵

05 將麵團裁成寬18cm（厚0.7cm）長片，對折疊起，裁切平整側邊。

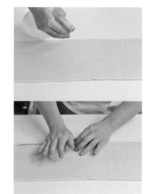

06 表面噴水霧，從長側邊先捲折小圈、按壓固定。

07 再捲折起至底，收合於底捲成圓柱狀，覆蓋塑膠袋冷藏鬆弛約30分鐘。

08 左右兩端切除去邊，裁切成6cm的長段（約135g）。

09 以3段為組（135g×3）、收合口朝同方向，放入模型中，放置室溫30分鐘，待解凍回溫。

為了讓麵團發酵時能平均發展，將麵團放置入模時可先由兩側擺放，再放置中間；若分布不平均，兩側的麵團容易向左右發展，這樣發酵好的外形會因外形不一而顯得不美觀。

10 放入發酵箱，最後發酵約60分鐘（溫度28℃，濕度75%），取出放置室溫稍乾燥。

烘烤、裝飾

11 以上火180℃／下火200℃，烤約40分鐘。完成後脫模，置於網架上放涼。

12 粉紅糖霜。將所有材料混合攪拌均勻至濃稠狀態。

13 將丹麥吐司底部沾裹粉紅糖霜至1/2處。

14 周圍側邊撒放草莓乾燥碎粒。

15 待稍凝固，表面篩撒糖粉。

Apple Danish

....

蜜糖蘋果丹麥

丹麥麵團的美味真是創意百
變！透過模型以各種形式品嚐
時令的美味，自製熬煮的水果
內餡、果醬，搭配整型的變化
呈現，都能享受到濃厚的風味
與果香的滋味。

no.21

蜜糖蘋果丹麥

份量：15個
模具：蘋果模型

INGREDIENTS

| 麵團 |

法國粉…200g
高筋麵粉…300g
細砂糖…50g
鹽…10g
奶粉…25g
新鮮酵母…25g
蛋黃…35g
水…180g
發酵奶油…30g

| 折疊裹入 |

片狀奶油…275g

| 芒果蘋果餡 |

Ⓐ 蘋果果泥…160g
　 芒果果泥…30g
　 蘋果丁…65g
　 蜜蘋果丁…70g
　 細砂糖…100g
　 發酵奶油…30g
Ⓑ 全蛋…40g
　 杏仁粉…185g

| 表面用 |（每份）

蜜蘋果…1/2個
防潮糖粉
翻糖蝴蝶
蛋液

HOW TO MAKE

芒果蘋果餡

01 將所有材料Ⓐ加熱，加入全蛋、杏仁粉混合拌勻，加入奶油拌至融合即可。

攪拌、冷藏鬆弛

02 麵團攪拌、基本發酵～冷藏鬆弛與「基本丹麥麵團C」P88作法1-5製作相同。整理麵團壓拍平，按壓平整成長方狀，放置塑膠袋中，冷藏（5℃）鬆弛約12-14小時。

包裹、折疊裹入

03 麵團的折疊裹入、3折3次與「基本丹麥麵團C」P88作法6-18製作相同。

04 由冷藏取出丹麥麵團。將麵團延壓平整展開，先就麵團寬度壓至寬約18cm長片。

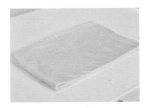

05 再轉向擀壓延展平整出長度、厚度約0.5cm，對折後用塑膠袋包覆，冷凍鬆弛約30分鐘。

分割、整型、最後發酵

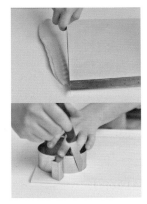

06 將左右側邊切除，放上蘋果形模框沿著模型切割出造型（成形的紋理層次較明顯）。

07 或直接用蘋果形模框按壓出造型（紋理層次較不明顯）（約50g），覆蓋塑膠袋冷藏鬆弛約30分鐘。

08 將紅蘋果對切成二，去除蘋果籽，切成厚度一致的薄片。

12 在蘋果壓痕處擠入芒果蘋果餡（或卡士達餡約30g）。

09 切面朝下，對準果蒂位置，鋪放麵皮上。

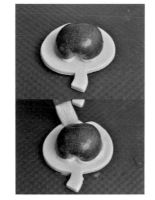

13 擺放上蘋果，沿著麵皮塗刷蛋液。

10 往底部稍按壓，放置室溫30分鐘，待解凍回溫。

烘烤、裝飾

11 再放入發酵箱，最後發酵約60分鐘（溫度28℃，濕度75%），取出蘋果，將麵皮沿著蘋果壓痕處稍按壓，放置室溫稍乾燥。

14 以上火220℃／下火210℃，烤約15分鐘。待冷卻，篩撒上糖粉，用翻糖蝴蝶點綴。

no.22

Ice Cream
Danish Pastry

....

冰淇淋丹麥

以基本丹麥麵團配方製作，只是
變化了配料及形狀，切割、整型
再烘烤成酥香的丹麥，單吃美
味，簡單以冰淇淋相佐，就是美
味創意的變化吃法；淋上焦糖
醬、楓糖或巧克力醬都很對味。

份量：6個
模型：大圓模型94×83×35mm

INGREDIENTS

｜麵團｜

法國粉…500g
鹽…10g
新鮮酵母…20g
麥芽精…1g
細砂糖…40g
奶粉…25g
水…225g
發酵奶油…25g

｜折疊裹入｜

片狀奶油…250g

｜內餡｜

卡士達餡（→P30）

｜表面用｜（每份）

香草冰淇淋…1球
開心果碎粒
焦糖（→P33）

HOW TO MAKE

攪拌、冷藏鬆弛

01 麵團攪拌、基本發酵～冷藏鬆弛與「基本丹麥麵團C」P88，作法1-5製作相同。整理麵團壓拍平，按壓平整成長方狀，放置塑膠袋中，冷藏（5℃）鬆弛約12-14小時。

包裹、折疊裹入

02 麵團的折疊裹入、3折3次與「基本丹麥麵團C」P88，作法6-18製作相同。

03 由冷藏取出丹麥麵團。將麵團延壓平整展開，先就麵團寬度壓至寬約18cm長片。

04 再轉向擀壓延展平整出長度、厚度約0.5cm，對折後用塑膠袋包覆，冷凍鬆弛約30分鐘。

分割、整型、最後發酵

05 將左右側邊切除。

06 裁切成10×10cm正方片（約65g），覆蓋塑膠袋冷藏鬆弛約30分鐘。

07 將方形片鋪放圓形模中、沿著模邊底部按壓，表面再壓放重石，放置室溫30分鐘，待解凍回溫。

08 再放入發酵箱，最後發酵約60分鐘（溫度28℃，濕度75%），取出重石，底部再稍按壓。

09 放置室溫稍乾燥，塗刷蛋液，擠入卡士達餡。

烘烤、裝飾

10 以上火220℃／下火210℃，烤約20分鐘。完成後脫模，置於網架上放涼。

11 凹槽處擠入卡士達餡，再挖取冰淇淋球，擺放中央處，四側角用開心果粒點綴，淋上焦糖醬。

no.23

Chocolate
Danish Pastry

....

巧克力柑橘丹麥

將棒狀巧克力與柑橘條捲在丹麥
麵團中，經以烘烤稍微融化巧克
力沾染至麵團，形成酥脆的口
感，加上柑橘條的相襯，口感滋
味絕美的經典組合。

no.23

巧克力柑橘丹麥

份量：11個

INGREDIENTS

|麵團|

Ⓐ 法國粉…200g
　高筋麵粉…300g
　細砂糖…50g
　鹽…10g
　奶粉…25g
　新鮮酵母…25g
　蛋黃…35g
　水…180g
　發酵奶油…30g
Ⓑ 竹炭粉…10g
　水…5g

|折疊裹入|

片狀奶油…275g

|夾層餡|（每份）

巧克力棒…2根
柑橘條（或柑橘丁）…2根
巧克力裝飾片
金箔

HOW TO MAKE

攪拌麵團

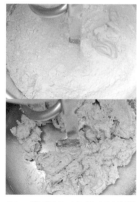

01 將所有其他材料Ⓐ（酵母除外）放入攪拌缸中混合拌勻，用慢速攪打整體混拌均勻。

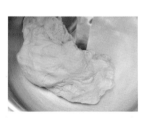

02 加入新鮮酵母攪拌均勻，轉中速攪拌成團至麵筋形成粗薄膜（終溫24℃）。

03 確認麵團筋度。取麵團延展拉出的質地略粗糙、裂口不平整（約6-7分筋）。

04 麵團切分成650g、165g。取麵團（165g）加入調勻竹炭粉水混合攪拌均勻（水與竹炭粉先拌融較容易攪拌均勻）。

基本發酵

05 將麵團整理為表面平滑的圓球狀，接合口朝下，覆蓋保鮮膜，基本發酵60分鐘。

冷藏鬆弛

06 整理麵團壓拍平，按壓平整成長方狀，放置塑膠袋中，冷藏（5℃）鬆弛約12-14小時。

包裹、折疊裹入

07 麵團的折疊裹入、3折3次與「基本丹麥麵團C」P88作法6-18製作相同。

08 將黑色麵團延壓平整成稍大於丹麥麵團的大小片狀，覆蓋在已稍噴上水霧的丹麥麵團上，沿著四邊稍黏合，包覆住丹麥麵團，放置塑膠袋中，冷凍鬆弛約30分鐘。

09 由冷藏取出丹麥麵團。將麵團延壓平整展開，先就麵團寬度壓至寬約18cm長片。

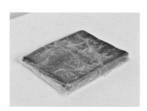

10 再轉向擀壓延展平整出長度、厚度約0.5cm，對折後用塑膠袋包覆，冷凍鬆弛約30分鐘。

分割、整型、最後發酵

11 將左右側邊切除，裁切成17×8.5cm長方片（約90g），在表面等距切劃出8條斜線，覆蓋塑膠袋冷藏鬆弛約30分鐘。

> 切割麵團表面時，力道要輕且迅速，避免麵團發酵時膨脹導致餡料外溢。

12 在麵團底部上（預留底邊）擺放上巧克力棒、柑橘條（或柑橘丁）。

13 將麵皮捲起覆蓋。

14 在捲起的麵皮上再放上巧克力棒、柑橘條（或柑橘丁），再輕輕捲起麵皮，捲好後的接合處朝下，成型，放置室溫30分鐘，待解凍回溫。

15 再放入發酵箱，最後發酵約60分鐘（溫度28℃，濕度75%），取出放置室溫稍乾燥，塗刷蛋液2次。

烘烤、裝飾

16 以上火220℃／下火210℃，烤約15分鐘。

17 用小刀在表面戳小孔洞，插置巧克力飾片，用金箔點綴。

Custard Croissant

....

黃金流沙可頌

27層次可頌整型折疊工法，口感酥香層次分明，夾層鹹蛋黃與卡士達的組合香濃無比，一口咬下微顆粒感的鹹香流沙溢出，外酥香、內溫潤爆漿餡，令人驚喜不已的東洋合璧。

份量：10個

流沙餡

01 材料Ⓐ混合均勻。吉利丁粉加水攪拌使其吸收膨脹後隔水加熱至融化均勻。發酵奶油隔水加熱融化。

02 將融化後的奶油、吉利丁，以及拌勻的材料Ⓑ加入到混合的材料Ⓐ中混合拌勻，再加入過篩成細粒的鹹蛋黃拌勻即可。

攪拌、冷藏鬆弛

03 麵團攪拌、基本發酵～冷藏鬆弛與「柑橘巧克力丹麥」P106，作法1-6製作相同。

04 整理麵團壓拍平，按壓平整成長方狀，放置塑膠袋中，冷藏（5℃）鬆弛約12-14小時。

包裹、折疊裹入

05 丹麥麵團的折疊裹入、3折3次與「柑橘巧克力丹麥」P106，作法7-8製作相同。

06 由冷藏取出丹麥麵團。將麵團延壓平整展開，先就麵團寬度壓至寬約18cm長片。

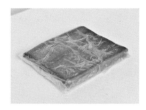

07 再轉向擀壓延展平整出長度、厚度約0.5cm，對折後用塑膠袋包覆，冷凍鬆弛約30分鐘。

分割、整型、最後發酵

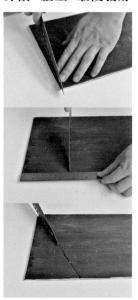

08 將左右側邊切除，裁切成23×11cm三角形（約90-100g）。

INGREDIENTS

| 麵團 |

Ⓐ 法國粉…200g
　高筋麵粉…300g
　細砂糖…50g
　鹽…10g
　奶粉…25g
　新鮮酵母…25g
　蛋黃…35g
　水…180g
　發酵奶油…30g
Ⓑ 竹炭粉…10g
　水…5g

| 折疊裹入 |

片狀奶油…300g

| 流沙餡 |

Ⓐ 奶粉…38g
　卡士達粉…65g
　動物鮮奶油…180g
　綠豆沙…130g
Ⓑ 細砂糖…60g
　水…100g
Ⓒ 發酵奶油…220g
Ⓓ 吉利丁粉…40g
　水…200g
Ⓔ 鹹蛋黃…200g

| 表面用 |

蛋液、糖水

no.25

繽紛雙色可頌

份量：10個

INGREDIENTS

| 麵團 |

法國粉…200g
高筋麵粉…300g
抹茶粉…15g
細砂糖…50g
鹽…10g
奶粉…25g
新鮮酵母…25g
蛋黃…35g
水…180g
發酵奶油…30g

| 外皮麵團 |

紅色麵團（→P122）
　　　…170g

| 折疊裹入 |

片狀奶油…300g

| 表面用 |

蛋液、糖水

HOW TO MAKE

攪拌、冷藏鬆弛

01　麵團攪拌、基本發酵～冷藏鬆弛與「囧囧の抹茶包」P115，作法1-4製作相同。

02　紅色麵團的製作參見P122。

04　將紅色麵團延壓平整成稍大於丹麥麵團的大小片狀。

包裹、折疊裹入

03　麵團的折疊裹入、3折3次與「囧囧の抹茶包」P115，作法5-17製作相同。

05　覆蓋在丹麥麵團上，沿著四邊稍黏合，包覆住丹麥麵團，放置塑膠袋中，冷凍鬆弛約30分鐘。

06　由冷藏取出丹麥麵團。將麵團延壓平整展開，先就麵團寬度壓至寬約18cm長片。

07　再轉向擀壓延展平整出長度、厚度約0.5cm，對折後用塑膠袋包覆，冷凍鬆弛約30分鐘。

分割、整型、最後發酵

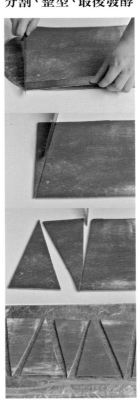

08　將左右側邊切除，裁切成23×11cm三角形（約90g），成型三角片，覆蓋塑膠袋冷藏鬆弛約30分鐘。

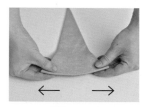

09 將底邊往兩側稍微延展至13cm。

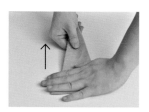

10 壓住底邊，拉住頂點將三角片稍微延展拉長。

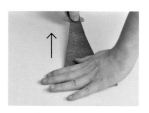

11 翻面，紅色皮面朝上，壓住底邊，拉住頂點延展至約32cm。

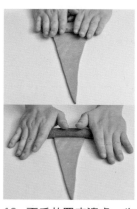

12 兩手放置底邊處，先往前稍推捲起麵團，再往兩側推捲。

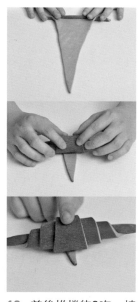

13 前後推捲約3次，接著再朝前方捲起至底。

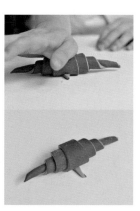

14 將麵團尾端稍預留一小截，用手稍按壓固定，成型。

> 用手在頂部稍按壓，可防止麵團發酵後滾動造成底部向外的情形。

15 排列放置烤盤上，沿著表面薄刷蛋液，放置室溫30分鐘，待解凍回溫。

16 再放入發酵箱，最後發酵約90分鐘（溫度28℃，濕度75%），取出放置室溫稍乾燥。

烘烤、裝飾

17 以上火220℃／下火210℃，烤約15分鐘，塗刷糖水即可

> 糖水製作。用細砂糖、水以1:1的比例加熱煮至融化，待冷卻即可使用。

Matcha Danish

....

囧囧の抹茶包

酥香可頌麵包體中包覆香濃的巧
克力,表層披覆鏡面,覆滿厚實
的抹茶粉,蓬鬆飽滿的千層,香
濃苦甜的巧克力,加上清新的抹
茶,滿口酥鬆、香甜不膩,讓人
欲罷不能的髒髒魅力。

份量：11個

INGREDIENTS

｜麵團｜

法國粉…200g
高筋麵粉…300g
抹茶粉…15g
細砂糖…50g
鹽…10g
奶粉…25g
新鮮酵母…25g
蛋黃…35g
水…180g
發酵奶油…30g

｜折疊裹入｜

片狀奶油…300g
巧克力棒…2支（每份）

｜表面用｜

Ⓐ 鏡面抹茶巧克力（→P32）
Ⓑ 抹茶粉…100g
　防潮糖粉…150g

HOW TO MAKE

攪拌麵團

01 將過篩法國粉、高筋、奶粉、抹茶粉與其他材料（酵母除外）放入攪拌缸中混合拌勻，用慢速攪打整體混拌均勻。

02 加入新鮮酵母拌勻，轉中速攪拌成團至麵筋形成粗薄膜（終溫24℃）。

基本發酵、冷藏鬆弛

03 將麵團整理為表面平滑的圓球狀，接合口朝下，覆蓋保鮮膜，基本發酵60分鐘。

04 整理麵團壓拍平，按壓平整成長方狀，放置塑膠袋中，冷藏（5℃）鬆弛約12-14小時。

包裹入油

05 將裹入油擀平，平整至成軟硬度與麵團相同的長方狀。

06 將麵團延壓薄成長方片，寬度相同，長度約裹入油2倍長。

> 全程要維持在冰冷的狀態下進行，一旦麵團溫度升高質地變軟，就要放回冷藏。

07 將裹入油擺放在麵團中間（左右長度相同），並將麵團往兩側輕拉延展。

08 將左右側麵團朝中間折疊，包覆裹入油，並將接口處捏緊密合，避免空氣進入。

no.27

Mango Danish

芒果吉士星花

把香草芒果餡包覆在丹麥麵團中
烘烤,馥郁奶油香氣與果香,增
添了麵包的獨特風味,柔潤內裡
與酥鬆的層層外皮口感,是最大
魅力所在。

Chestnut Danish

栗子蒙布朗丹麥

隨手可得的可愛模型，很適合用來製作丹麥，熬煮的果餡，結合丹麥的整型，與西點的裝飾，宛如栗子白朗峰的外型意象，將丹麥變化淋漓的展現。

份量：18個
模型：布丁杯上寬55×下寬35×高37mm

INGREDIENTS

｜麵團｜

Ⓐ 法國粉…200g
　 高筋麵粉…300g
　 細砂糖…50g
　 鹽…10g
　 奶粉…25g
　 新鮮酵母…25g
　 蛋黃…35g
　 水…180g
　 發酵奶油…30g
Ⓑ 紅色色粉…2g
　 水…5g

｜折疊裹入｜

片狀奶油…250g

｜草莓威士忌｜

Ⓐ 細砂糖…100g
　 發酵奶油…40g
　 草莓果泥…160g
　 藍莓汁…70g
　 草莓乾…65g
Ⓑ 全蛋…40g
　 杏仁粉…210g
Ⓒ 威士忌…27g

｜栗子餡｜

無糖栗子泥…100g
動物鮮奶油…10g

｜裝飾｜

卡士達餡（→P30）
法式栗子、蛋液
鏡面果膠、開心果碎粒

草莓威士忌餡

01 將所有材料Ⓐ（奶油除外）加熱，加入全蛋、杏仁粉混合拌勻，加入奶油拌至融合，再加入威士忌拌勻。

攪拌麵團

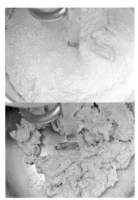

02 將所有其他材料（酵母除外）放入攪拌缸中混合拌勻，用慢速攪打整體混拌均勻。

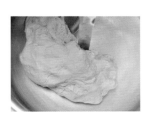

03 加入新鮮酵母拌勻，轉中速攪拌成團至麵筋形成粗薄膜（終溫24℃）。

04 麵團切分成650g、165g。取麵團（165g）加入調勻紅色色粉混合攪拌均勻。

基本發酵、冷藏鬆弛

05 將麵團整理為表面平滑的圓球狀，基本發酵60分鐘。整理麵團壓拍平，按壓平整成長方狀，放置塑膠袋中，冷藏（5℃）鬆弛約12-14小時。

包裹、折疊裹入

06 麵團的折疊裹入、3折3次與「基本丹麥麵團C」P88，作法6-18製作相同。

no.29

水果香頌丹麥

份量：14個
模型：星形模101×41mm

INGREDIENTS

| 麵團 |

Ⓐ 法國粉…200g
　 高筋麵粉…300g
　 細砂糖…50g
　 鹽…10g
　 奶粉…25g
　 新鮮酵母…25g
　 蛋黃…35g
　 水…180g
　 發酵奶油…30g
Ⓑ 紅色色粉…2g
　 水…5g

| 折疊裹入 |

片狀奶油…300g

| 奇異果蘋果檸檬餡 |

Ⓐ 細砂糖…100g
　 奇異果…160g
　 奇異果乾…65g
　 檸檬汁…10g
　 蘋果果泥…30g
　 發酵奶油…30g
Ⓑ 全蛋…40g
　 杏仁粉…185g

這裡使用的紅色色粉，
指的是巧克力專用色
粉。

HOW TO MAKE

奇異果蘋果檸檬餡

01　將所有材料Ⓐ（奶油
除外）加熱，加入全蛋、
杏仁粉混合拌勻，加入
奶油拌至融合即可。

攪拌、冷藏鬆弛

02　麵團攪拌～冷藏鬆弛
與「栗子蒙布朗丹麥」
P122，作法2-5製作相
同。整理麵團壓拍平，
按壓平整成長方狀，
放置塑膠袋中，冷藏
（5℃）鬆弛約12-14小
時。

包裹、折疊裹入

03　丹麥麵團的折疊裹
入、3折3次與「栗子蒙
布朗丹麥」P122，作法
6-8製作相同。

04　由冷藏取出丹麥麵
團。將麵團延壓平整展
開，先就麵團寬度壓至
寬約18cm長片。

05　再轉向擀壓延展平整
出長度、厚度約0.4cm，
對折後用塑膠袋包覆，
冷凍鬆弛約30分鐘。

分割、整型、最後發酵

06　將左右側邊切除，
裁切成10×10cm（約
50g）正方片。

07　另外裁切10cm長條
（約5g），2長條、正方
片為組，覆蓋塑膠袋冷
藏鬆弛約30分鐘。

08　在方形片的中間處
（紅色面朝下），放上
奇異果蘋果檸檬餡（約
35g）。

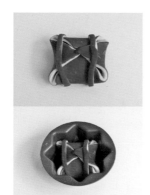

烘烤、裝飾

14 以上火220℃／下火210℃，烤約15分鐘，脫模，待冷卻。

09 由相對的兩對角將麵皮朝中間折疊，完成四對角的折疊，接合處按壓貼合。

11 收合於底部、成型，放入模型中。

12 再將4個三角片由中間往外側掀開，放置室溫30分鐘，待解凍回溫。

13 再放入發酵箱，最後發酵約60分鐘（溫度28℃，濕度75%），表面塗刷兩次蛋液。

> 塗刷蛋液時，需將麵團底部壓平，避免烘烤時受熱膨脹過度，影響外觀裝飾。

15 表面塗刷果膠，擺放上水果球，在一側角篩撒糖粉。

10 將作法⑨收合處朝上，用細長條，在兩側如繫上緞帶般輕輕貼合。

Galette

....

法式國王餅

富有溫暖意象的國王餅，是法國
主顯節必吃的傳統糕點，酥脆派
皮中包裹濃醇的杏仁奶油餡，以
及小搪瓷玩偶，相傳吃到藏有小
玩偶的那塊，象徵幸運，會帶來
一整年的好運。

份量：3
模具：圓形慕斯模框

INGREDIENTS

｜麵團｜

在來米粉…800g
高筋麵粉…200g
小麥蛋白…200g
水…870g
鹽…5g
白醋…20g

｜折疊裹入｜

片狀奶油…900g

｜內餡｜

卡士達餡（→P30）…100g
杏仁餡（→P31）…200g

｜裝飾用｜

蛋黃…1個
全蛋…1個

HOW TO MAKE

內餡

01　卡士達餡、杏仁餡攪拌混合均勻即可。

攪拌麵團

02　將所有材料慢速攪拌均勻成團，轉中速攪拌至麵筋形成粗薄膜（終溫24℃）。

冷藏鬆弛

03　整理麵團壓拍平，按壓平整成長方狀，放置塑膠袋中，冷藏（5℃）鬆弛約12小時。

包裹、折疊裹入

04　千層麵團的折疊裹入、4折2次與「基本千層麵團D」P138，作法5-16製作相同。

05　由冷藏取出千層麵團。將麵團延壓平整展開，先就麵團寬度壓至寬約34cm長片。

06　再轉向擀壓延展平整出長度、厚度約0.2cm，對折後用塑膠袋包覆，冷凍鬆弛約30分鐘。

分割、整型、最後發酵

07　將左右側邊切除，用圓形模框（SN3245）壓切出圓形千層麵皮（上下2片為組），覆蓋塑膠袋冷藏鬆弛約120分鐘。

08　2圓形片為組，取一片為底層，用圓形模框（SN3243）在表面輕壓出標記痕跡。

09　在標記處的範圍內，用擠花袋（圓形花嘴）由中心往外以同心圓的方式擠上作法①杏仁內餡（約120g）。

10 預留邊緣空間（約5cm）。

11 在一處擺放上小陶瓷玩偶，預留的邊緣塗刷蛋液。

12 覆蓋上另一片圓形千層麵皮，用手指沿著圓邊確實按壓使其貼合。表面均勻塗刷蛋液，覆蓋保鮮膜，冷藏鬆弛一晚（約12小時）。

> 麵團一定要在冰硬的狀態下整型組合；且覆蓋麵團時要注意避免空氣進入，邊緣也要緊密貼合，避免膨脹而導致的破裂變形。

13 用小刀在沿著圓邊等間距的劃切直線圖紋，表面塗刷蛋液，待其風乾，再塗刷蛋液，再重複風乾、塗刷蛋液操作1次，覆蓋保鮮膜，冷藏（約5℃）鬆弛12小時。

> 整型好的麵團鬆弛時間要足，鬆弛不足易致使烘烤時成品變形。若無法充足的冷藏鬆弛一晚，至少應在室溫鬆弛3小時後再烘烤。

14 隔日由冷藏取出，再塗刷蛋液，放置鋪好圓形底紙的轉檯上，找出中心定位點。

15 用小刀由中心點朝著邊緣的方向劃出曲線圖紋，並用刀尖在表面輕刺出3-4個小孔洞（表面戳孔洞做出氣孔、釋出空氣，可避免膨脹致使的高低不均情形）。

烘烤

16 放入烤盤，加上網架（稍架高控制烤焙高度）。以上火200℃／下火180℃，烤約35分鐘。

自製片狀奶油

適用：可頌、丹麥、千層麵團

INGREDIENTS

無鹽奶油200g、法國粉50g

HOW TO MAKE

將奶油與法國粉混合攪拌均勻，裝放入塑膠袋。用刮板平整四邊，擠壓出空氣，平整至厚度均勻，冰硬。

no.31

Caramel Apple Pastry

蘋果澎派

酥軟的造型派皮，搭配蜜煮蘋果、濃郁卡士達奶油餡，飽滿香甜的濃郁軟餡，酥香的派皮花邊，黃澄澄的內裡、酥鬆層次口感的美味法式糕點。

no.31

蘋果澎派

份量：14
模具：蘋果派壓模

INGREDIENTS

| 麵團 |

Ⓐ 在來米粉…800g
　高筋麵粉…200g
　小麥蛋白…200g
　水…870g
　鹽…5g
　白醋…20g
Ⓑ 紅麴粉…30g

| 折疊裹入 |

片狀奶油…900g

| 蜜煮蘋果 |

蘋果…3個
細砂糖…300g
水…350g
肉桂粉…1g

| 內餡 |

卡士達奶油餡（→P30）

> 小麥蛋白。米粉本身不含蛋白質（無法形成筋性），因此在配方中添加小麥蛋白來增加麵筋、強化筋度，防止麵筋過軟及斷裂，可讓麵團有延伸效果。

HOW TO MAKE

蜜煮蘋果

01 蘋果洗淨、去果核，去皮切丁。將蘋果丁放入鍋中，加入水、細砂糖、肉桂粉，蜜煮到香味溢出，待蜜煮至軟化、收汁入味，即可瀝乾取出。

> 蜜煮過程中蘋果容易出水，故必須將蘋果熬煮至水分收乾，這樣與卡士達結合時，則能避免因水分過多而造成蘋果餡的滑動。

內餡

02 卡士達奶油餡的製作，參見P30。

攪拌麵團

03 將所有材料慢速混合攪拌均勻成團，轉中速攪拌至麵筋形成粗薄膜（終溫24℃）。

04 將作法③攪拌完成麵團，另切取麵團500g加入紅麴粉（30g）混合攪拌均勻。

冷藏鬆弛

05 整理麵團壓拍平，按壓平整成長方狀，放置塑膠袋中，冷藏（5℃）鬆弛約12小時。

包裹、折疊裹入

06 千層麵團的折疊裹入、4折2次與「基本千層麵團D」P138，作法5-16製作相同。

07 將紅色麵團延壓壓平整成稍大於千層麵團的大小片狀。

08 覆蓋在千層麵團上，沿著四邊稍黏合，包覆住千層麵團，放置塑膠袋中，冷藏鬆弛約30分鐘。

09 由冷藏取出千層麵團。將麵團延壓平整展開，先就麵團寬度壓至寬約36cm長片。

10 再轉向擀壓延展平整出長度、厚度約0.4cm，對折後用塑膠袋包覆，冷凍鬆弛約30分鐘。

分割、整型、最後發酵

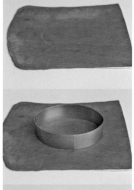

11 用8吋橢圓模框壓切出橢圓形千層麵皮（80g），覆蓋塑膠袋冷藏鬆弛約30分鐘，取出千層麵皮，翻面、紅色外皮朝底。

12 用擠花袋（圓形花嘴）在麵皮中間處，擠上卡士達奶油餡（約50g），再鋪放上蘋果餡（約50g）。

13 麵皮邊緣塗刷水分，對折折疊貼合，用手指確實按壓使其接合。

14 用小刀沿著圓弧邊劃出直線圖紋，表面塗刷蛋液，覆蓋保鮮膜，冷藏（約5℃）鬆弛12小時。

15 隔日由冷藏取出，再塗刷蛋液，在表面劃出葉脈圖紋造型、輕刺出3-4個小孔洞。

> 蛋液是以1個蛋黃、1個全蛋的比例調製。

烘烤

16 以上火200℃／下火180℃，烤約30分鐘。

> 表面戳孔洞做出氣孔、釋出空氣，可避免膨脹致使的高低不均情形。

Pineapple Pastry

....

香草鳳梨金角酥

折疊千層的酥餅中，包覆香氣風
味十足的香草鳳梨，乍看雖不耀
眼，但香氣、滋味與酥香口感絕
對教人難忘，香草的迷人香氣與
鳳梨的酸甜滋味，完美協調的風
味。

份量：12

INGREDIENTS

| 麵團 |

在來米粉…800g
高筋麵粉…200g
小麥蛋白…200g
水…870g
鹽…5g
白醋…20g

| 折疊裹入 |

片狀奶油…900g

| 內餡 |

Ⓐ 杏仁餡（→P31）
Ⓑ 香草鳳梨
　新鮮鳳梨…900g
　細砂糖…300g
　香草莢…1根
　檸檬汁…65g
　水…900g

| 裝飾用 |

蛋黃、全蛋…各1個

HOW TO MAKE

香草鳳梨

01 香草莢橫剖刮取出香草籽。鳳梨去皮切片與其他所有材料，小火熬煮約3小時至熟透入味，撈出鳳梨片，切小塊狀（約2cm）。

02 烤盤鋪上烤焙紙。將鳳梨片平均鋪放烤盤上，以低溫、上下火100℃烘烤約12小時即可（乾燥鳳梨乾時，若有明顯上色不均，需轉向翻面再烘烤）。

攪拌、冷藏鬆弛

03 麵團攪拌（奶油分離法）～冷藏鬆弛與「法式國王派」P128，作法2-3製作相同。

04 整理麵團壓拍平，按壓平整成長方狀，放置塑膠袋中，冷藏（5℃）鬆弛約12小時。

包裹、折疊裹入

05 千層麵團的折疊裹入、4折2次與「基本千層麵團D」P138，作法5-16製作相同。

06 由冷藏取出千層麵團。將麵團延壓平整展開，先就麵團寬度壓至寬約36cm長片。

07 再轉向擀壓延展平整出長度、厚度約0.2cm，對折後用塑膠袋包覆，冷凍鬆弛約30分鐘。

分割、整型、最後發酵

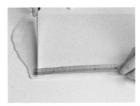

08 將麵團左右側邊切除，裁切成15×15cm方片（約50g），覆蓋塑膠袋冷藏鬆弛約30分鐘。

09 在千層麵皮中間處擠上杏仁餡（約20g）。

10 再鋪放香草鳳梨（約50g）。

11 對角線折疊（接合側邊塗刷水分），使左右側邊貼合，用手指確實按壓使其接合，用小刀在兩側邊劃出直線圖紋，表面塗刷蛋液，覆蓋保鮮膜，冷藏（約5℃）鬆弛12小時。

12 隔日由冷藏取出，再塗刷蛋液，用小刀在表面劃出斜線圖紋，並輕刺出3-4個小孔洞。

烘烤

13 以上火200℃／下火180℃，烤約15-20分鐘。

Cream Cheese Pastry

························

巴塔乳酪球

在千層麵團中包覆奶油乳酪，成
形圓球般烘烤，外層鬆脆，內裡
軟膨細密，加上滿滿濃郁內餡，
獨特的口感與清爽不膩的乳酪風
味，最是迷人特色。

INGREDIENTS

| 麵團 |

在來米粉…800g
高筋麵粉…200g
小麥蛋白…200g
水…870g
鹽…5g
白醋…20g

| 折疊裹入 |

片狀奶油…900g

| 奶油乳酪餡 |

奶油乳酪…800g
糖粉…80g

| 表面用 |

糖粉

HOW TO MAKE

奶油乳酪餡

01 將所有材料攪拌混合均勻即可。

攪拌、冷藏鬆弛

02 麵團攪拌（奶油分離法）～冷藏鬆弛與「法式國王派」P128作法2-3製作相同。

03 整理麵團壓拍平，按壓平整成長方狀，放置塑膠袋中，冷藏（5℃）鬆弛約12小時。

包裹、折疊裹入

04 千層麵團的折疊裹入、4折2次與「基本千層麵團D」P138，作法5-16製作相同。

05 由冷藏取出千層麵團。將麵團延壓平整展開，先就麵團寬度壓至寬約36cm長片。

06 再轉向擀壓延展平整出長度、厚度約0.2cm，對折後用塑膠袋包覆，冷凍鬆弛約30分鐘。

分割、整型、最後發酵

07 將麵團左右側邊切除，裁切成7.5×7.5cm方片（約20g），覆蓋塑膠袋冷藏鬆弛約30分鐘。

08 在千層麵皮中間處擠奶油乳酪餡（約20g），由兩對角往中間拉起、捏緊，使四對角側邊貼合。

09 用手指確實按壓使其接合，完全包覆住內餡成型，整型成圓球狀，覆蓋保鮮膜，冷藏（約5℃）鬆弛12小時。

> 若無法充足的冷藏鬆弛一晚，至少應在室溫鬆弛3小時後再烘烤，防止麵團鬆弛不足而有爆餡裂開的情形。

10 隔日由冷藏取出，表面沾裹勻糖粉。

烘烤

11 以上火200℃／下火180℃，烤約20分鐘。

基本千層麵團D

INGREDIENTS

| 麵團 |

高筋麵粉…500g
低筋麵粉…500g
鹽…10g
全蛋…50g
鮮奶…530g
發酵奶油…50g

| 折疊裹入 |

片狀奶油…800g

攪拌麵團

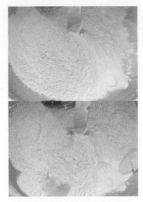

01 將過篩的高筋麵粉、低筋麵粉與鹽放入攪拌缸中混合拌勻,加入全蛋、鮮奶、奶油。

02 用慢速攪打整體混拌均勻,轉中速攪拌成團至麵筋形成粗薄膜(終溫24℃)

03 確認麵團筋度。取麵團延展拉出的質地略粗糙(約6分筋)。

冷藏鬆弛

04 整理麵團壓拍平,按壓平整成長方狀,放置塑膠袋中,冷藏(5℃)鬆弛約12小時。

包裹入油

05 將裹入油擀平,平整至成軟硬度與麵團相同的長方狀。

06 將麵團延壓薄成長方片,寬度相同,長度約裹入油2倍長。

> 全程要維持在冰冷的狀態下進行,一旦麵團溫度升高質地變軟,就要放回冷藏。

07 將裹入油擺放在麵團中間（左右長度相同）。

08 將左右側麵團朝中間折疊，包覆裹入油，並將接口處捏緊密合，避免空氣進入。

折疊4折2次

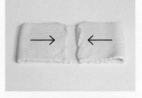

09 用壓麵機延壓均勻至平整，重複擀壓延展至厚約0.5cm的長方片。

10 裁切兩側邊使其平整。將一側1/4向內折疊，另一側1/4向內折疊。

11 再對半折起，折疊成4折（**4折1次**）。

12 用擀麵棍稍按壓，使麵團與奶油緊密貼合，用塑膠袋包覆，冷凍鬆弛約30分鐘。

13 將麵團放置撒有高筋麵粉的檯面上，依法擀壓延展平整至厚約0.5cm。

14 依法將一側1/4向內折疊，另一側1/4向內折疊。

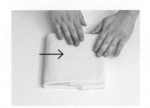

15 再對半折起，折疊成4折（**4折2次**）。

16 用擀麵棍稍按壓，使麵團與奶油緊密貼合，用塑膠袋包覆，冷凍鬆弛約30分鐘。

整型前的延壓

17 將麵團延壓平整展開，先就麵團寬度壓至寬約34cm長片。

18 再轉向擀壓延展平整出長度、厚度約0.4cm，對折後用塑膠袋包覆，冷凍鬆弛約30分鐘。

Strawberry Mille-feuille

細雪莓果千層

烤得酥脆千層派皮，夾層卡士
達、莓果，交織出絕美平衡，滿
滿蛋奶香的內餡，表層綴以雪白
糖粉，口感香脆濃郁，酸甜的迷
人風情，任誰看了都愛的經典法
式甜點。

no.34

細雪莓果千層

份量：12

INGREDIENTS

| 麵團 |
高筋麵粉…500g
低筋麵粉…500g
鹽…10g
全蛋…50g
鮮奶…530g
發酵奶油…50g

| 折疊裹入 |
片狀奶油…800g

| 內餡 |
卡士達餡（→P30）

| 裝飾用 |（每份）
覆盆莓…6個
鏡面果膠
巧克力飾片

HOW TO MAKE

攪拌、冷藏鬆弛

01 麵團攪拌（直接法）～基本發酵與「基本千層麵團D」P138，作法1-4製作相同。整理麵團壓拍平，按壓平整成長方狀，放置塑膠袋中，冷藏（5℃）鬆弛約12小時。

包裹、折疊裹入

02 千層麵團的折疊裹入、4折2次與「基本千層麵團D」P138，作法5-16製作相同。

03 由冷藏取出千層麵團。將麵團延壓平整展開，先就麵團寬度壓至寬約34cm長片。

04 再轉向擀壓延展平整出長度、厚度約0.4cm，對折後用塑膠袋包覆，冷凍鬆弛約30分鐘。

分割、整型、最後發酵

05 將麵團左右側邊切除，裁成30×20cm，覆蓋塑膠袋冷藏鬆弛一晚，約12-14小時。

> 烤焙前篩撒上糖粉，可讓麵團在烤焙後表面更加光澤美觀。
> 若無法充足的冷藏鬆弛一晚，至少應在室溫鬆弛3小時後再烘烤。

烘烤、裝飾

06 表面篩撒均勻糖粉，表層覆蓋一層烤焙紙，再壓蓋上烤盤。

07 以上火200℃／下火180℃，烤約45分鐘，放置網架上放涼。

142

08　將烤好的千層分切成 4×11cm，3片為組。

09　用擠花袋（緞帶花嘴）在底層擠上二層的卡士達餡（約20g），覆蓋中間層。

10　再擠上二層的卡士達餡（約20g），覆蓋頂層片組合。

11　將作法⑩側邊立放，在表面擺放上覆盆莓（或草莓），頂部用鏡面果膠點上水珠。

12　放上細棒狀巧克飾片。

13　最後擠上鏡面果膠，用金箔、巧克力花飾片（或翻糖花）點綴。

翻糖小花

INGREDIENTS

翻糖

HOW TO MAKE

① 將翻糖擀平，用小花壓切模壓製花形。

② 塑出弧形，覆蓋保鮮膜，放室溫，定型後使用。

Sugar Palmier

......

心心相映蝴蝶酥

宛如蝴蝶的千層派餅,是以折疊
麵團撒上細粒砂糖烘烤,層層派
皮膨脹的酥脆,帶有馥郁奶油香
氣,一口吃下同時還吃得到糖粒
的口感,酥脆香甜。

份量：25片

INGREDIENTS

| 麵團 |

高筋麵粉…500g
低筋麵粉…500g
鹽…10g
全蛋…50g
鮮奶…530g
發酵奶油…50g

| 折疊裹入 |

片狀奶油…800g

| 表面用 |

細砂糖

HOW TO MAKE

攪拌、冷藏鬆弛

01 麵團攪拌（直接法）～基本發酵與「基本千層麵團D」P138，作法1-4製作相同。整理麵團壓拍平，按壓平整成長方狀，放置塑膠袋中，冷藏（5℃）鬆弛約12小時。

包裹、折疊裹入

02 千層麵團的折疊裹入、4折2次與「基本千層麵團D」P138，作法5-16製作相同。

03 由冷藏取出千層麵團。將麵團延壓平整展開，先就麵團寬度壓至寬約36cm長片。

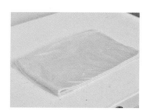

04 再轉向擀壓延展平整出長度、厚度約0.4cm，對折後用塑膠袋包覆，冷凍鬆弛約30分鐘。

分割、整型、最後發酵

05 將麵團左右側邊切除，裁成50×50cm方片狀，覆蓋塑膠袋冷藏鬆弛一晚，約12-14小時。

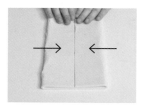

06 將方形千層麵皮表面噴上水霧，由左、右側朝中間折疊1/4折。

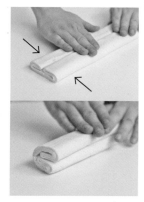

07 表面再噴上水霧，再分別由左、右側朝中間折疊1/4折，依法噴上水霧，再對折，折疊成型心形狀，覆蓋塑膠袋冷藏鬆弛一晚，約12-14小時（當日，至少鬆弛2-3小時即可烤焙）。

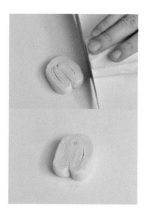

08 分切成厚約1cm片狀，沾裹均勻細砂糖，相間距排放鋪好烤焙紙的烤盤中。

烘烤

09 以上火200℃／下火180℃，烤約15-20分鐘，翻面轉向，續烤約15分鐘至成品上色均勻（也可以在完成的蝴蝶酥側邊沾裹融化巧克力做點綴變化）。

Chapter
03

/ 維也納風的
菓子麵包

「菓子麵包」是結合布里歐的變化型,要說兩者最大的不同,在於布里歐大量使用奶油,並以蛋取代水,而含糖量多的菓子麵包除了富含奶油、蛋、牛奶外,還多了水的成分致使口感蓬鬆,也有別於布里歐的綿密細緻。

源遠流長的布里歐,除了經典造型的僧侶布里歐(Brioche à Tête)與南泰爾布里歐(Brioche Nanterre)外,大多是以杏仁餡加入巧克力或葡萄乾,或單純撒上糖粉、砂糖這類偏甜的口感,而相較於布里歐,菓子麵包在口味上更富變化,結合各國的在地性衍生出各自多樣化的面貌口感,開拓出獨特的新派系。

著重造型與餡料搭配,組織細膩的菓子麵包,以柔軟細緻的口感為特色,內餡配料可甜、可鹹,種類十分多元,最典型的不外乎為日式(紅豆、咖哩麵包)、台式軟麵包(肉鬆、蔥麵包)為代表。

口感濕潤、糖分略多為菓子麵包的特色,本書中有砂糖高達15-45%,因此使用了「加糖中種法」,也就是事先在中種裡添加部分糖,好讓酵母增添耐糖性,如此一來即便在主麵團裡增加糖的分量,酵母仍然能夠活絡的發揮作用。

基本甜麵團E

INGREDIENTS

| 麵團 |

Ⓐ 高筋麵粉…250g
　 細砂糖…38g
　 全脂奶粉…10g
　 鹽…4g
　 新鮮酵母…8g
　 全蛋…38g
　 鮮奶…115g
　 動物鮮奶油…25g
Ⓑ 發酵奶油…45g

HOW TO MAKE

攪拌麵團

01 將過篩的高筋麵粉、奶粉、鹽、細砂糖、新鮮酵母放入攪拌缸中混合拌勻。

02 全蛋、鮮奶、鮮奶油用打蛋器攪拌混合，倒入作法①中。

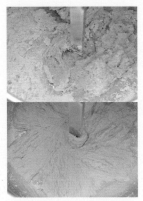

03 用慢速攪打混拌整體均勻混拌。

04 過程中需視情況停止攪拌，用刮刀刮取沾黏的麵團，整合麵團，轉中速繼續攪拌至成團不沾黏。確認麵團筋度。取麵團延展可形成質地略粗糙薄膜、裂口不平整（約7分筋）。

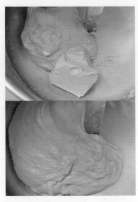

05 再加入奶油，繼續中速拌勻至麵筋形成均勻薄膜（終溫24℃）。

06 確認麵團筋度。取麵團延展可形成均勻光滑的薄膜（約10分筋）、裂口平整無鋸齒狀。

基本發酵

07 將麵團整理為表面平滑的圓球狀，接合口朝下，覆蓋保鮮膜，基本發酵60分鐘。

分割、滾圓、中間發酵

08 將麵團輕壓排出氣體，整為表面平滑的圓形，用刮板將麵團分割所需份量。

09 將麵團滾圓整成表面平滑的圓形，中間發酵30分鐘。

整型、最後發酵、烘烤

10 進行麵包的製作，整型、最後發酵、烘烤、裝飾等操作。

no.36

Dragon Fruit Bread

紅龍蜜覓天使圈

結合雙色的麵團包裹香甜餡
心，編結雙色辮放置中空模塑
型成花環狀，柔軟質地口感，
嚐得到果香的酸甜滋味。

no.36

紅龍蜜覓天使圈

份量：8個
模型：甜甜圈模型

INGREDIENTS

│ 麵團 │

Ⓐ 高筋麵粉…250g
　　細砂糖…38g
　　全脂奶粉…10g
　　鹽…4g
　　新鮮酵母…8g
　　全蛋…38g
　　鮮奶…115g
　　動物鮮奶油…25g
Ⓑ 發酵奶油…45g
Ⓒ 可可粉…10g

│ 火龍果黑醋栗餡 │

Ⓐ 全蛋…20g
　　杏仁粉…100g
Ⓑ 細砂糖…50g
　　發酵奶油…20g
　　火龍果乾…65g
　　火龍果果泥…80g
　　黑醋栗…15g
　　香草莢…1/2根
Ⓒ 蘭姆酒…15g

│ 表面用 │

不濕糖
開心果粒碎
鏡面果膠

HOW TO MAKE

火龍果黑醋栗餡

01 香草莢刮取香草籽，與其他材料Ⓑ（奶油除外）加熱煮沸，關火，加入材料Ⓐ邊拌邊煮至沸騰，加入奶油拌至融合，加入蘭姆酒攪拌均勻。

攪拌、基本發酵

02 麵團攪拌～基本發酵與「基本甜麵團E」P148，作法1-6製作相同。

03 切取作法②麵團（250g）加入可可粉攪拌混合均勻，做成可可麵團。

04 整理麵團成圓滑狀，基本發酵60分鐘。

分割、滾圓、中間發酵

05 將原味、可可麵團各分割成30g，滾圓整成表面平滑的圓形，中間發酵30分鐘。

整型、最後發酵

06 可可麵團。將麵團輕拍擠壓出氣體，用擀壓成片狀，翻面、轉向，用手指將底部延壓開，幫助黏合。

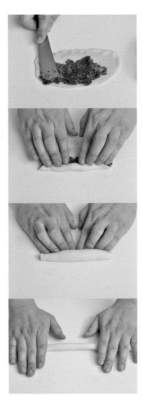

將麵團稍微冰硬，再做編結的整型，會較好操作，且內餡也較不會因麵團過軟而有餡料露出的情形。

烘烤、裝飾

07 在表面抹上火龍果黑醋栗餡（約15g），從外側往內捲起至底成長條狀，搓揉均勻成細長條。

09 在表面抹上火龍果黑醋栗餡（約15g），從外側往內捲起至底成長條狀，搓揉均勻成細長條。

11 由一側左右交叉編結至底部，捏合收口於底。

12 另一側依法編結至底部，捏合收口於底。

14 表面壓蓋鐵盤，以上火160℃／下火210℃，烤約15分鐘。脫模，放涼。

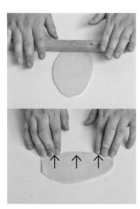

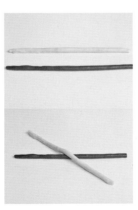

08 原味麵團。將麵團輕拍擠壓出氣體，擀壓成片狀，翻面、轉向，用手指將底部延壓開，幫助黏合。

10 原味、可可麵團二色麵團為組，中間處交叉擺放。

13 將兩端接合口捏緊，接合成中空環狀，收口朝下放入模型中，最後發酵60分鐘（濕度75%、溫度28℃）。

15 用不濕糖在表面篩撒上新月造型，另一側邊塗刷果膠、撒上開心果粒碎。

Strawberry Pineapple Bread

玫瑰草莓美濃

這裡從配色風味到造型，做了有別於傳統的變化，粉色菠蘿皮，搭配草莓大黃根餡，配色超夢幻。品嚐軟Q麵包口感同時享有特製的香甜內餡，一款層層美味中可見創意巧思的和風甜麵包。

份量：10個
模型：4吋菊花模型

INGREDIENTS

| 麵團 |

Ⓐ 高筋麵粉…250g
　細砂糖…38g
　全脂奶粉…10g
　鹽…4g
　新鮮酵母…8g
　全蛋…38g
　鮮奶…115g
　動物鮮奶油…25g
Ⓑ 發酵奶油…45g

| 草莓菠蘿皮 |

Ⓐ 發酵奶油…55g
　上白糖…80g
　全蛋…20g
　草莓果泥…20g
Ⓑ 低筋麵粉…145g
　食用紅色色粉…0.1g

| 草莓大黃根餡 |

Ⓐ 細砂糖…35g
　發酵奶油…10g
　玫瑰花瓣醬…65g
　草莓果泥…55g
　大黃根…10g
　大黃果泥…25g
Ⓑ 全蛋…15g
　杏仁粉…70g
Ⓒ 草莓酒…10g

> 食用紅色色粉，指的是一種油溶性的巧克力專用色素。

HOW TO MAKE

草莓菠蘿皮

01 將過篩的低筋麵粉、紅色色粉與其他所有材料攪拌混合均勻至無粉粒。

02 將草莓菠蘿麵團搓揉長條，分切成30g，搓揉圓球狀（菠蘿麵團放室溫過久，質地會稍偏乾燥；使用前可先將其搓揉使其恢復濕潤再使用）。

草莓大黃根餡

03 將材料Ⓐ加熱煮沸，加入材料Ⓑ拌煮均勻至沸騰，加入材料Ⓒ拌勻，待冷卻，密封冷藏隔天使用。

攪拌、基本發酵

04 麵團攪拌～基本發酵與「基本甜麵團E」P148，作法1-7製作相同。整理麵團成圓滑狀，基本發酵60分鐘。

分割、滾圓、中間發酵

05 分割麵團成50g，滾圓整成表面平滑的圓形，中間發酵30分鐘。

整型、最後發酵

06 將麵團輕拍擠壓出氣體，用指腹碰觸麵團轉動，輕滾整圓，輕拍壓扁成中間稍厚邊緣稍薄的圓形片。

07 在麵皮中間按壓入草莓大黃根餡（約30g），將麵皮對折拉起包覆內餡，捏緊收合，整型圓球。

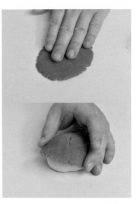

08 草莓菠蘿麵團滾圓，按壓成略小於麵團的圓扁形，再將草莓菠蘿麵皮覆蓋在麵團上。

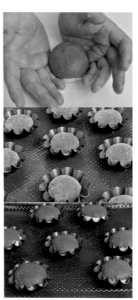

09 按壓貼合整型，表面沾覆細砂糖，收口朝下、放入菊花模中，最後發酵約60分鐘。

烘烤

10 以上火180℃／下火210℃，烤約15分鐘。脫模，放涼。

Salad Egg Bread

雲朵蛋麵包

外型貌似荷包蛋造型的一款點心麵包，
香氣十足培根、特別調製內餡，搭配軟
Q麵包組合，表層加入全蛋，經以烘烤
成型的麵包型體更加可口。

份量：10個
模型：大圓模型94×83×35mm

INGREDIENTS

｜麵團｜

Ⓐ 高筋麵粉…250g
　細砂糖…38g
　全脂奶粉…10g
　鹽…4g
　新鮮酵母…8g
　全蛋…38g
　鮮奶…115g
　動物鮮奶油…25g
Ⓑ 發酵奶油…45g

｜蛋沙拉｜

水煮蛋…400g
沙拉醬…40g
芥末…10g

｜表面用｜（每份）

全蛋…1個
培根…1條
海苔粉
鏡面果膠

HOW TO MAKE

蛋沙拉

01 水煮蛋切碎與沙拉醬、芥末混合拌勻。

攪拌、基本發酵

02 麵團攪拌～基本發酵與「基本甜麵團E」P148，作法1-7製作相同。整理麵團成圓滑狀，基本發酵60分鐘。

分割、滾圓、中間發酵

03 麵團分割成50g，滾圓整成表面平滑的圓形，中間發酵30分鐘。

整型、最後發酵

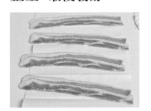

04 培根片攤開鋪放餐巾紙上拭乾多餘水分。

05 圓形模噴上烤盤油，將培根片沿著圓模邊鋪圍成圈。

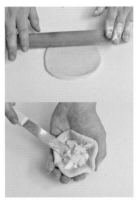

06 將麵團輕拍擠壓出氣體，用拇指和中指腹碰觸麵團轉動，輕滾整圓，輕拍壓扁，擀成中間稍厚邊緣稍薄的圓形片，在麵皮中間壓入蛋沙拉（30g），不需捏合。

07 將作法⑥開口處朝上，放入圓模中，整型使麵皮緊貼培根片。

08 最後發酵約50分鐘（濕度75%、溫度28℃）。

09 在內餡處用手壓出凹槽，打入一顆全蛋，另外再倒入蛋白（在蛋沙拉中央以十指戳出小凹洞，能讓蛋黃維持居中美觀狀態）。

烘烤、裝飾

10 以上火210℃／下火190℃，烤約15分鐘。脫模，待冷卻，外圍塗刷果膠，撒上海苔粉。

no.39
Chocolate Bread

熔岩珍珠巧克力

高純度香濃巧克力，撕開剎那有
如熔岩般流出，搭配柑橘杏仁提
升了內餡的風味層次，口口咬下
都能品嚐巧克力流出的濃醇滋
味，絲滑入口，香甜不膩的美味
驚喜。

份量：10個
模型：大圓模型94×83×35mm

INGREDIENTS

| 麵團 |

Ⓐ 高筋麵粉…250g
　 細砂糖…38g
　 全脂奶粉…10g
　 鹽…4g
　 新鮮酵母…8g
　 全蛋…38g
　 鮮奶…115g
　 動物鮮奶油…25g
Ⓑ 發酵奶油…45g

| 巧克力柑橘杏仁餡 |

細砂糖…75g
發酵奶油…75g
全蛋…50g
君度橙酒…10g
低筋麵粉…20g
可可粉…10g
杏仁粉…63g
橘子皮…30g

| 巧克力酥菠蘿 |

發酵奶油…120g
細砂糖…120g
低筋麵粉…200g
可可粉…50g

| 表面用 |

鏡面巧克力（→P32）
蛋液、防潮糖粉
巧克力球
金箔

HOW TO MAKE

巧克力柑橘杏仁餡

01 發酵奶油、細砂糖攪拌均勻，加入全蛋攪拌融合，再加其他所有材料混合拌勻。

巧克力酥菠蘿

02 奶油、細砂糖攪拌均勻，加入過篩低筋麵粉、可可粉拌勻成團，用粗篩網過篩成細粒狀，平鋪於鐵盤，隔日使用。

> 若想快速完成酥菠蘿製作，可將過篩後的成酥菠蘿粒平鋪在鐵盤上，冷凍冰硬會較好操作。

攪拌、基本發酵

03 麵團攪拌～基本發酵與「基本甜麵團E」P148，作法1-7製作相同。整理麵團成圓滑狀，基本發酵60分鐘。

分割、滾圓、中間發酵

04 麵團分割成50g，滾圓整成表面平滑的圓形，中間發酵30分鐘。

整型、最後發酵

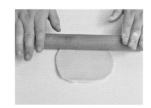

05 將麵團輕拍擠壓出氣體，用拇指和中指腹碰觸麵團轉動，輕滾整圓，輕拍壓扁，擀成稍大於圓模的圓形片。

06 大圓模型噴上烤盤油。將麵團鋪放大圓模中並沿著烤模邊緣輕壓，延展麵皮使其緊貼模高。

07 在中間處填入巧克力柑橘杏仁餡（約30g），最後發酵60分鐘（濕度75%、溫度30℃）。

08 沿著麵皮邊緣塗刷蛋液，避開表面中心處均勻鋪撒上巧克力酥菠蘿。

烘烤、裝飾

09 以上火180℃／下火210℃，烤約15分鐘，脫模、放涼。用手在表面中心處按壓出圓槽，淋入鏡面巧克力（約8分滿）。

10 鋪放圓形紙，預留周邊，篩撒防潮糖粉，中心處鋪滿巧克力球，用金箔點綴。

基本甜麵團F

INGREDIENTS

｜加糖中種麵團｜

Ⓐ 高筋麵粉…250g
　 細砂糖…13g
　 新鮮酵母…8g
　 全蛋…25g
　 蛋黃…60g
　 水…75g
　 全脂奶粉…13g
Ⓑ 發酵奶油…20g

｜後加材料｜

Ⓒ 細砂糖…25g
　 鹽…4g
Ⓓ 發酵奶油…20g

HOW TO MAKE

攪拌麵團

01 加糖中種麵團。將所有材料Ⓐ放入攪拌缸中混合拌勻。

02 用慢速混合攪拌，轉中速繼續攪拌至成團。

03 加入奶油，中速攪拌至麵筋形成均勻薄膜（終溫24℃）。

04 將麵團放置室溫（28℃）發酵約1小時，再冷藏（5℃）發酵約24小時。

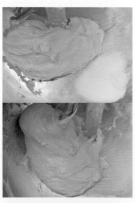

05 將完成的中種麵團，與後加材料的鹽、細砂糖混合慢速攪打混拌，轉中速攪拌至光滑面。

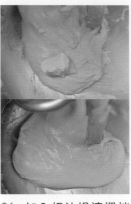

06 加入奶油慢速攪拌均勻，轉中速攪拌至麵筋形成均勻薄膜（終溫24℃）。

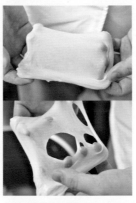

07 確認麵團筋度。取麵團延展可形成均勻光滑的薄膜（約10分筋）、裂口平整無鋸齒狀。

基本發酵

08 將麵團整理為表面平滑的圓球狀，接合口朝下，覆蓋保鮮膜，基本發酵60分鐘。

分割、滾圓、中間發酵

09 將麵團輕壓排出氣體，整為表面平滑的圓形，用刮板將麵團分割所需份量。

10 將麵團滾圓整成表面平滑的圓形，中間發酵30分鐘。

整型、最後發酵、烘烤

11 進行麵包的製作，整型、最後發酵、烘烤、裝飾等操作。

加糖中種法

調配時將砂糖加入中種做成中種麵團。由於添加了砂糖，使麵團糖分含量變高，更能順利發酵，適合用來製作含糖量較多的點心麵包。

Cactus Bread

魔力法米滋

柔軟濕潤口感與奶油香濃風味，
夾心的仙人掌爆米花餡甜度香氣
溫和，裝飾上巧克力飾片，洋溢
宛如洋菓子般華麗的氣息。

no.40

魔力法米滋

份量：10個
模型：大圓模型
　　　94×83×35mm

INGREDIENTS

｜加糖中種麵團｜

Ⓐ 高筋麵粉…250g
　 細砂糖…13g
　 新鮮酵母…8g
　 全蛋…25g
　 蛋黃…60g
　 水…75g
　 全脂奶粉…13g
Ⓑ 發酵奶油…20g

｜後加材料｜

Ⓒ 細砂糖…25g
　 鹽…4g
Ⓓ 發酵奶油…20g

｜焦糖仙人掌爆米花餡｜

細砂糖…100g
發酵奶油…33g
仙人掌果泥…160g
黑醋栗果泥…30g
焦糖爆米花…65g
杏仁粉…185g

｜表面用｜

巧克力裝飾片
翻糖花、開心果碎

HOW TO MAKE

焦糖仙人掌爆米花餡

01 將2種果泥、奶油、細砂糖加熱煮沸，加入杏仁粉與焦糖爆米花混合拌勻即可。

攪拌、基本發酵

02 麵團攪拌～基本發酵與「基本甜麵團F」P158，作法1-8製作相同。整理麵團成圓滑狀，基本發酵60分鐘。

分割、滾圓、中間發酵

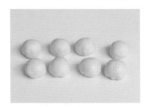

03 麵團分割成50g，滾圓整成表面平滑的圓形，中間發酵30分鐘。

整型、最後發酵

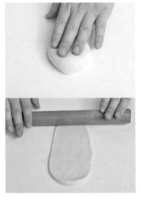

04 將麵團輕拍擠壓出氣體，用指腹側面碰觸麵團轉動，輕滾整圓，輕拍壓扁，擀壓平成橢圓片，翻面。

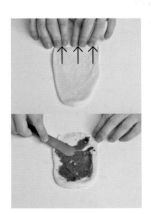

05 將底部延壓開，幫助黏合，抹勻焦糖仙人掌爆米花餡（約30g）。

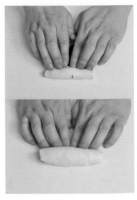

06 從前端往下折小圈稍按壓緊，再捲折收口於底成圓筒狀，捏緊收合口。

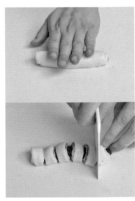

07 搓揉滾動塑型，分切成6等份。

08 以切口面朝上、6個為組如圖圍排成型，放入圓模中。

09 最後發酵60分鐘（濕度75%、溫度28℃）至8分滿，表面鋪放烤焙紙並以烤盤壓蓋。

烘烤、裝飾

10 以上火200℃／下火210℃，烤約10分鐘。脫模，置於網架上放涼。

11 造型A。表面塗刷果膠，擺放巧克力飾片。

12 在中間處鋪滿開心果碎粒，用翻糖小花裝飾，即成造型A。

13 造型B。三角袋裝入融化白巧克力，在烤焙紙上擠上螺旋圖紋，撒上乾燥玫瑰花裝點即成。表面塗刷果膠，擺放巧克力飾片，即成造型B。

巧克力飾片

INGREDIENTS

白巧克力（免調）、巧克力轉寫紙

HOW TO MAKE

① 巧克力轉寫紙鋪放矽膠墊上。

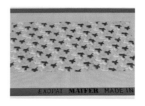

② 白巧克力隔水加熱融化，淋在轉寫紙上，立即用抹刀攤展抹平。

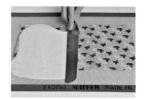

③ 待冷卻定型，用圓形模壓塑出造型，取除塑膠片。

④ 即成環狀片的巧克力飾片。

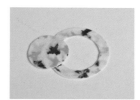

no.41

Orange Bread

橙桔香菲

桔皮丁的香氣與香甜的紅豆餡出奇對
味，表層加上糖蜜浸漬香橙，層層絕
美的搭配，品嚐鬆軟麵包同時享受清
新果香的好滋味。

份量：8個

INGREDIENTS

INGREDIENTS

｜加糖中種麵團｜

Ⓐ 高筋麵粉…250g
　　細砂糖…13g
　　新鮮酵母…8g
　　全蛋…25g
　　蛋黃…60g
　　水…75g
　　全脂奶粉…13g
Ⓑ 發酵奶油…20g

｜後加材料｜

Ⓒ 細砂糖…25g
　　鹽…4g
Ⓓ 發酵奶油…20g

｜桔橙紅豆餡｜

紅豆餡…200g
酒漬桔皮丁…50g

｜蜜煮香橙片｜

柳橙片…8片
細砂糖…500g
水…400g

｜內餡、表面用｜

蛋液
打發動物鮮奶油…300g
開心果粒碎
鏡面果膠

HOW TO MAKE

酒漬桔子丁

01 將桔子丁（50g）、君度橙酒（50g）室溫浸泡約3天至入味後使用。

蜜煮香橙片

02 柳橙洗淨、切圓片，與細砂糖、水加熱煮沸約30分鐘，待冷卻，密封冷藏浸漬約3天後使用（鋪放麵團時須拭乾多餘的糖水再使用，避免水分過多影響麵包體的外觀）。

桔橙紅豆餡

03 將所有材料混合拌勻即可。

攪拌、基本發酵

04 麵團攪拌～基本發酵與「基本甜麵團F」P158，作法1-8製作相同。整理麵團成圓滑狀，基本發酵60分鐘。

分割、滾圓、中間發酵

05 麵團分割成60g，滾圓整成表面平滑的圓形，中間發酵30分鐘。

整型、最後發酵

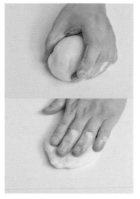

06 將麵團輕拍擠壓出氣體，用指腹碰觸麵團轉動，輕滾整圓，輕拍壓扁成中間稍厚邊緣稍薄的圓形片。

07 在麵皮中間按壓入桔橙紅豆餡（約30g）。

08 將麵皮對折拉起包覆內餡，捏緊收合，整型圓球。

09 排放烤盤，最後發酵60分鐘（濕度75%、溫度28℃），表面塗刷蛋液，鋪放稍拭乾的蜜煮香橙片。

烘烤、擠餡

10 以上火200℃／下火180℃，烤約12分鐘。待冷卻，掀起香橙片小角，灌入打發鮮奶油（約30g），沿著香橙片塗刷果膠，沾上開心果粒碎。

no.42

Brown Sugar Mochi
Marble Toast

黑糖Q心麻吉

吐司麵包體，搭配丹麥麵包體、黑糖麻糬的絕美呈現！濃郁奶油香氣，混著香甜的黑糖麻糬QQ口感，不僅吃得到層次口感，還有黑糖香氣，後韻飄散楓糖糖水的清甜，紮實Q彈的滿足口感。

no.42

黑糖Q心麻吉

份量：2個
模型：內徑181×91×77、下徑170×73mm

INGREDIENTS

| 加糖中種麵團 |

Ⓐ 高筋麵粉…250g
　 細砂糖…13g
　 新鮮酵母…8g
　 全蛋…25g
　 蛋黃…60g
　 水…75g
　 全脂奶粉…13g
Ⓑ 發酵奶油…20g

| 後加材料 |

Ⓒ 細砂糖…25g
　 鹽…4g
Ⓓ 發酵奶油…20g
Ⓔ 檸檬丁…50g

| 丹麥麵團 |

基本丹麥麵團的全部
　（→P88）
黑糖麻糬片…250g

| 表面用 |

楓糖糖水（→P33）

HOW TO MAKE

丹麥麵團

01 丹麥麵團製作參見「基本丹麥麵團C」P88，作法1-18完成3折3。

02 由冷藏取出丹麥麵團。將麵團延壓平整展開，先就麵團寬度壓至寬約18cm長片。轉向擀壓延展平整出長度、厚度約0.7cm，對折後用塑膠袋包覆，冷凍鬆弛約30分鐘。

裹入黑糖麻糬

03 裁切丹麥麵團兩側邊使其平整。將左側1/3向內折疊。

04 再將右側1/3向內折疊，折疊成3折（**3折1次**）。

05 用擀麵棍稍按壓，使麵團與奶油緊密貼合，用塑膠袋包覆，冷凍鬆弛約30分鐘。

06 將麵團放置撒有高筋麵粉的檯面上，擀壓延展平整長片厚約0.7cm，寬度與黑糖麻糬片相同，長度約為黑糖麻糬片的2倍。

07 將黑糖麻糬片擺放麵團中間（左右長度相同）。

> 每份丹麥麵團搭配黑糖麻糬片（250g）。

08 將左側1/3向內折疊，再將右側1/3向內折疊，折疊成3折（**3折2次**）。

09 用擀麵棍稍按壓，使麵團與黑糖麻糬片緊密貼合，用塑膠袋包覆，冷凍鬆弛約30分鐘。

10 將麵團放置撒有高筋麵粉的檯面上，依法擀壓延展平整至厚約0.7cm。

11 裁除兩側邊平整，再將黑糖麻糬麵團裁成寬約3cm（約75g），包覆，冷藏備用。

麵團攪拌、基本發酵

12 麵團攪拌～基本發酵與「基本甜麵團F」P158，作法1-7製作相同。

13 將攪拌完成的麵團加入檸檬丁混合拌勻。整理麵團成圓滑狀，基本發酵60分鐘。

分割、滾圓、中間發酵

14 麵團分割成100g×2個，滾圓整成表面平滑的圓形，中間發酵30分鐘。

整型、最後發酵

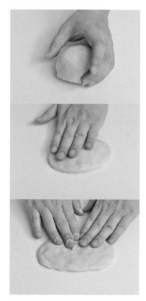

15 麵團輕拍擠壓出氣體，用指腹側面碰觸麵團轉動，輕滾整圓，輕拍壓扁成橢圓片狀，翻面。

16 從內側折向中間、按壓緊，再將前側向中間對折、按壓接合口。

17 翻面使接合口朝上。

18 對折、滾動麵團，輕拍按壓接合口，搓揉均勻整型成棒狀。

19 將作法⑪黑糖麻糬長條片（2片為組）輕拉延展長（約31cm）。將長條片固定在棒狀麵團的一端，斜繞3圈至底，成型。

20 以2條為組，紋路呈交錯相隔的並排，收口朝下、放入模型中，最後發酵60分鐘（濕度75%、溫度28℃）。

烘烤、裝飾

21 以上火180℃／下火230℃，烤約25分鐘。脫模，趁熱塗刷楓糖糖水。

no.43

Berries Bread

莓果森林物語

綜合莓果與杏仁奶油餡的組合，
並以酥菠蘿的香濃平衡酸甜的氣
息，融合洋菓子手法創意，增添
討喜的口感滋味，吃得到口口香
甜的新食感菓子麵包。

份量：8個
模型：大圓模型94×83×35mm

INGREDIENTS

| 加糖中種麵團 |

Ⓐ 高筋麵粉…250g
　 細砂糖…13g
　 新鮮酵母…8g
　 全蛋…25g
　 蛋黃…60g
　 水…75g
　 全脂奶粉…13g
Ⓑ 發酵奶油…20g

| 後加材料 |

Ⓒ 細砂糖…25g
　 鹽…4g
Ⓓ 發酵奶油…20g

| 日式菠蘿皮 |

發酵奶油…43g
上白糖…80g
全蛋…43g
低筋麵粉…150g

| 森林莓果餡 |

Ⓐ 細砂糖…50g
　 發酵奶油…15g
　 草莓果泥…25g
　 藍莓果泥…25g
　 蔓越莓汁…25g
　 覆盆子果泥…25g
　 檸檬汁…5g
Ⓑ 全蛋…20g
　 杏仁粉…100g

| 覆盆子醬 |

覆盆子果泥…225g
細砂糖…40g
柑橘果膠…4g

| 表面用 |

糖粉、金箔
翻糖花

HOW TO MAKE

森林莓果餡

01 將材料Ⓐ拌勻加熱煮沸，加入材料Ⓑ拌煮均勻至沸騰，倒入平盤，攤展開，待冷卻，覆蓋保鮮膜冷藏一天。

02 為方便後續操作，可先將森林莓果餡分割成30g，密封、冷凍定型後使用。

日式菠蘿皮

03 發酵奶油、上白糖先攪拌混合至砂糖融化，加入全蛋攪拌融合，再加入過篩低筋麵粉攪拌混合至無粉粒，密封冷凍。

覆盆子醬

04 細砂糖、柑橘果膠混合拌勻。將覆盆子果泥加熱煮沸，再加入充分混勻的果膠粉、糖粉拌煮融化至濃稠沸騰即可。

攪拌、基本發酵

05 麵團攪拌～基本發酵與「基本甜麵團F」P158，作法1-8製作相同。整理麵團成圓滑狀，基本發酵60分鐘。

分割、滾圓、中間發酵

06 麵團分割成60g，滾圓整成表面平滑的圓形，中間發酵30分鐘。

整型、最後發酵

07 將麵團輕拍擠壓出氣體，用指腹側面碰觸麵團轉動，輕滾整圓。

16 用金箔、翻糖花裝飾。

08 輕拍壓扁,擀壓平成圓片,翻面。

09 用刮刀在圓形片的前後、左右先劃切相對的4切口,再相間隔處再平均切割4切口,形成8道放射切口。

11 將菠蘿麵團擀壓成片狀,用圓形模框壓成圓片,再用小圓模框於中間處壓出孔洞,成環片狀(約50g)。

13 在中空環形處按壓塞入森林莓果餡(約30g)至接觸底部,篩撒糖粉。

烘烤、裝飾

14 以上火210℃/下火190℃,烤約15分鐘。脫模,放涼。

15 在中間凹槽處擠入覆盆子醬(約10g)。

12 將環片狀菠蘿皮鋪放麵團表面。

10 放入圓模中,最後發酵60分鐘(濕度75%、溫度28℃)。

Jews Mallow
Mexican Bread

麻芛杏仁墨西哥

添加在地特有的食材麻芛，呈現天然色澤與香氣，以編結手法成形，披覆特殊風味的墨西哥醬，香氣瀰漫，真材實料的新食感美味。

no.44

麻芛杏仁墨西哥

份量：33個

INGREDIENTS

| 中種麵團 |

高筋麵粉…700g
細砂糖…30g
新鮮酵母…35g
水…385g

| 主麵團 |

Ⓐ 高筋麵粉…300g
　　細砂糖…220g
　　鹽…8g
　　奶粉…40g
　　全蛋…120g
　　水…100g
Ⓑ 發酵奶油…80g

| 麻芛墨西哥 |

Ⓐ 發酵奶油…100g
　　糖粉…100g
　　全蛋…100g
Ⓑ 低筋麵粉…50g
　　高筋麵粉…30g
　　麻芛粉…20g

| 表面用 |

蛋液、杏仁片

HOW TO MAKE

麻芛墨西哥

01 將發酵奶油、過篩糖粉混合攪拌，分次慢慢加入全蛋攪拌融合，加入混合過篩的材料Ⓑ拌勻即可。

攪拌麵團

02 中種麵團。將過篩的高筋麵粉、砂糖、酵母與水放入攪拌缸中混合拌勻，用慢速混合攪拌，轉中速繼續攪拌至成團呈粗薄膜（終溫24℃）。

03 將麵團放置室溫（28℃）發酵約1小時，再冷藏（5℃）發酵約12小時。

04 主麵團。將完成的中種麵團、其他材料Ⓐ混合慢速攪打混拌，轉中速攪拌至光滑面。

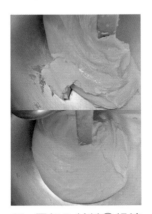

05 再加入材料Ⓑ慢速攪拌均勻，轉中速攪拌至麵筋形成均勻薄膜（終溫24℃）。

基本發酵

06 整理麵團成圓滑狀，基本發酵60分鐘。

分割、滾圓、中間發酵

07 麵團分割成20g×3個，滾圓整成表面平滑的圓形，中間發酵30分鐘。

整型、最後發酵

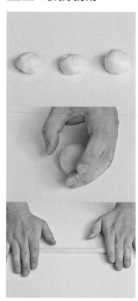

08 將麵團輕拍擠壓出氣體，用拇指和中指腹碰觸麵團轉動，輕滾整圓，輕拍壓扁，滾動搓揉均勻成粗細的細長條（約19cm）。

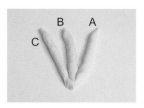

09 將3長條為組，接合口朝上、按壓固定住前端。

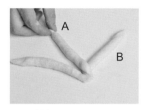

10 將麵團A→B。

11 C→A。

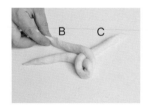

12 B→C。

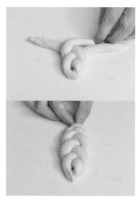

13 依序編結至底成三股辮，底部捏合、收口朝下。

14 再將兩端捏緊收合、整型。

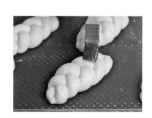

15 排放烤盤中，最後發酵90分鐘（濕度85%、溫度28℃），表面塗刷蛋液。

16 擠花袋（圓形花嘴）在表面擠上麻芛墨西哥（約30g）、撒上杏仁片（約20g）。

烘烤

17 以上火200℃／下火200℃，烤約10分鐘。

Spring
Onion Bun

....

蔥爆辮子花結

柔軟的麵團，鋪放現切現拌的蔥花，
特製調味蔥，以鵝油取代傳統豬油調
拌，鮮香美味，覆滿青蔥加上誘人的
焦脆皮，滿口鹹香、不油膩，讓人念
念不忘的經典台式香蔥麵包！

份量：4個
模型：外L160×W95×H51mm、
　　　內L140×W75×H50mm

INGREDIENTS

| 中種麵團 |

高筋麵粉…175g
細砂糖…10g
新鮮酵母…9g
水…100g

| 主麵團 |

Ⓐ 高筋麵粉…75g
　 細砂糖…53g
　 鹽…2g
　 奶粉…10g
　 全蛋…20g
　 水…30g
Ⓑ 發酵奶油…20g

| 調味蔥 |

青蔥…300g
蛋白…60g
鹽…8g
鵝油…50g

| 表面用 |

蛋液

HOW TO MAKE

調味蔥

01 青蔥切細粒。蛋白、鹽用打蛋器先攪拌打至起泡微發狀態，加入青蔥、鵝油拌至油脂完全融合。

> 蛋白、鹽用打蛋器攪打至微發狀態，再加入蔥粒、鵝油混合拌勻，可使調味蔥烤焙完成後保有光澤度，賣相較佳。

攪拌、基本發酵

02 麵團攪拌～基本發酵製作參見「麻芛杏仁墨西哥」P171，作法2-6製作。整理麵團成圓滑狀，基本發酵60分鐘。

分割、滾圓、中間發酵

03 麵團分割成120g，滾圓整成表面平滑的圓形，中間發酵30分鐘。

整型、最後發酵

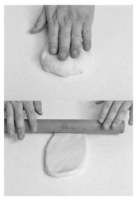

04 將麵團輕拍擠壓出氣體，用拇指和中指腹碰觸麵團轉動，輕滾整圓，輕拍壓扁，擀壓成橢圓片狀，翻面。

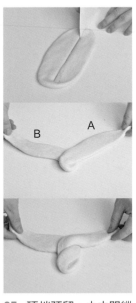

05 頂端預留，由中間縱切劃至底，將麵團A→B左右叉交編結。

06 編結至底成二股辮，底部捏合、收口朝下，再將兩端捏緊收合、整型，放入模型中。

07 表面塗刷蛋液，鋪放調味蔥（約100g），最後發酵60分鐘（濕度85%、溫度28℃）。

烘烤

08 以上火210℃／下火200℃，烤約12分鐘。脫模，放涼。

no.46

Toast with
Ham & Cheese

帕瑪森哈姆起司

風味內餡以鹹香火腿、起司片包捲，
表層撒滿帕瑪森起司，酥烤成金黃表
皮，柔軟內裡質地與香濃乳酪融合為
體，鹹香好滋味。

份量：4個

INGREDIENTS

｜麵團｜

Ⓐ 高筋麵粉…250g
　 細砂糖…20g
　 全脂奶粉…8g
　 鹽…4g
　 新鮮酵母…7g
　 全蛋…20g
　 麥芽精…1g
　 水…170g
Ⓑ 發酵奶油…20g

｜夾層餡｜（每份）

火腿片…1片
起司片…1片
帕瑪森起司粉

HOW TO MAKE

攪拌、基本發酵

01 麵團攪拌～基本發酵與「起酥肉鬆金磚」P178，作法1-3製作相同。整理麵團成圓滑狀，基本發酵60分鐘。

分割、滾圓、中間發酵

02 麵團分割成120g，滾圓整成表面平滑的圓形，中間發酵30分鐘。

整型、最後發酵

03 將麵團輕拍擠壓出氣體，用指腹側面碰觸麵團轉動，輕滾整圓，輕拍壓扁，擀壓平成橢圓片，翻面。

04 將麵皮四邊稍延展成四方片，底部延壓開（幫助黏合），在中間處鋪放上火腿片、起司片。

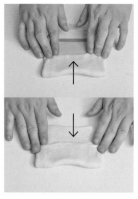

05 將上下兩側邊，分別往中間1/2處折起。

06 翻面，接合口處朝下，表面沾裹起司粉，淺劃出網狀刀口。

07 最後發酵60分鐘（濕度85%、溫度28℃）。

烘烤

08 以上火180℃／下火180℃，烤約12分鐘。（起司粉易焦化，上火達到180℃時，可先關閉上火，以下火180℃烘烤，避免上色焦黑）。

Puff Bread with
Pork Floss

起酥肉鬆金磚

千層酥皮下包著鹹香肉脯，台式的
經典風味！起酥層酥香鬆脆，柔軟
麵團、飽滿的肉脯香氣，絕美的層
次組合讓人愛不釋口；也可變化奶
酥內餡，不論鹹香肉脯，或香甜奶
酥，都是超合拍的美味。

份量：9個
器具：拉網刀

INGREDIENTS

｜麵團｜

Ⓐ 高筋麵粉…250g
　細砂糖…25g
　全脂奶粉…10g
　鹽…4.5g
　新鮮酵母…8g
　全蛋…25g
　水…150g
Ⓑ 發酵奶油…20g

｜表層｜（每份）

千層皮7×7（0.2cm）
　　…1片

｜肉脯餡｜

肉脯…270g
發酵奶油…45g

HOW TO MAKE

攪拌麵團

01 將所有材料Ⓐ混合，以慢速攪打混拌均勻，攪拌成團至形成粗薄膜。

02 加入材料Ⓑ慢速攪拌均勻，轉中速攪拌至麵筋形成均勻薄膜（終溫24℃）。

基本發酵

03 整理麵團成圓滑狀，基本發酵60分鐘。

分割、滾圓、中間發酵

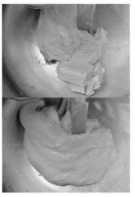

04 麵團分割成50g，滾圓整成表面平滑的圓形，中間發酵30分鐘。

整型、最後發酵

05 將麵團輕拍擠壓出氣體，用指腹側面碰觸麵團轉動，輕滾整圓，輕拍壓扁，擀壓平成橢圓片，翻面。

06 將底部延壓開（幫助黏合），抹勻奶油（約5g）、鋪放上肉脯（約30g）。

> 可先將發酵奶油攪拌鬆軟後加入肉脯混合拌勻使用。

07 從前端往下折小圈稍按壓緊，再捲折收口於底成圓筒狀，排列烤盤上，最後發酵60分鐘（濕度75%、溫度28℃）。

09 麵團表面塗刷蛋黃液，將千層皮往兩側稍延展拉開覆蓋住麵團，表面再塗刷蛋黃液。

> 用拉網刀切割起酥皮時，要一次完整切斷；備用的起酥皮需平整置放冷凍庫，避免起酥皮解凍過軟而不易整型。

烘烤

08 千層皮裁成7×7cm正方片（厚約0.2cm），用拉網刀切割出切口，稍延展開形成菱格紋。

10 以上火210℃／下火200℃，烤約15分鐘。

> 表面千層皮也可用市售起酥皮來直接替用。

no.48

Pineapple Toast
with Taro

芋金香菠蘿山形

酥香的菠蘿外層，包裹香濃綿密的芋
頭餡，細緻鬆軟的麵包，加上烤得酥
脆的金黃外層，濃郁的奶油香氣、濃
醇芋香，更添豐富口感美味。

no.48

芋金香菠蘿山形

份量：10個
模型：內徑181×91×77 mm，
　　　下徑170×73mm

INGREDIENTS

| 中種麵團 |

高筋麵粉…700g
細砂糖…30g
新鮮酵母…35g
水…385g

| 主麵團 |

Ⓐ 高筋麵粉…300g
　　細砂糖…220g
　　鹽…8g
　　奶粉…40g
　　全蛋…120g
　　水…100g
Ⓑ 發酵奶油…80g

| 內餡 |（1條量）

芋頭餡…100g

| 台式菠蘿皮 |

發酵奶油…300g
糖粉…250g
鹽…4g
蛋黃…100g
低筋麵粉…適量

HOW TO MAKE

台式菠蘿皮

01 發酵奶油、糖粉、鹽用刮板切拌混合至糖融化，加入蛋黃攪拌至融合即可。

02 待使用前，加入過篩低筋麵粉拌合至適中的軟硬度。

台式菠蘿皮因油脂比重較高，若遇低筋麵粉較易硬掉，會使菠蘿皮在烘烤後與麵團分離無法黏合，因此建議在整型階段再將低筋麵粉分次加入拌和後使用。

攪拌、基本發酵

03 麵團攪拌～基本發酵製作參見「麻芛杏仁墨西哥」P171，作法2-6製作。整理麵團成圓滑狀，基本發酵60分鐘。

分割、滾圓、中間發酵

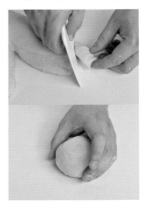

04 麵團分割成100g×2個，滾圓整成表面平滑的圓形，中間發酵30分鐘。

整型、最後發酵

05 自製芋頭餡的製作參見P31。將芋頭餡分成50g（2個為組）。

06 將菠蘿皮麵團，搓揉長條，用刮板分割成50g（2個為組），滾成圓球形。

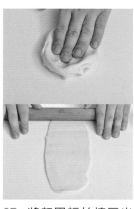

07 將麵團輕拍擠壓出氣體，用指腹側面碰觸麵團轉動，輕滾整圓，輕拍壓扁，擀壓平成片狀，翻面。

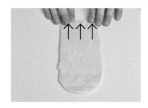

08 底部延壓開，幫助黏合。

09 抹上芋頭餡（50g）。

10 從前端往下折小圈稍按壓緊，再捲折收口於底成圓筒狀（2個為組）。

11 菠蘿皮稍壓扁，擀壓成稍大於麵團的圓形片。

12 將麵團表面塗刷蛋液，覆蓋上菠蘿皮，重複操作、2個為組，收口朝下、放入模型中。

> 塗刷蛋液是為了幫助黏著沾附。

13 最後發酵90分鐘（濕度85%、溫度28℃），表面塗刷蛋液（或放上杏仁片）。

烘烤

14 以上火160℃／下火230℃，烤約30分鐘。脫模，放涼。

> 烤後立即脫模取出，若持續放在吐司模中，充分膨脹的麵包體會因水氣無法蒸發而有扁塌的情形。

國家圖書館出版品預行編目（CIP）資料

李志豪 法式香甜維也納菓子麵包 / 李志豪著 . -- 初版 . -- 臺
北市 : 原水文化出版 : 英屬蓋曼群島商家庭傳媒股份有限公
司城邦分公司發行 , 2022.02
　　面 ；　公分 . --（烘焙職人系列；12）

ISBN 978-626-95643-4-7(平裝)

1. CST：點心食譜　　2. CST：麵包

427.16　　　　　　　　　　　110022605

烘焙職人系列 **012**

李志豪 法式香甜維也納菓子麵包

作　　　　者	／	李志豪
特 約 主 編	／	蘇雅一
責 任 編 輯	／	潘玉女

行 銷 經 理	／	王維君
業 務 經 理	／	羅越華
總 編 輯	／	林小鈴
發 行 人	／	何飛鵬
出　　　　版	／	原水文化

台北市民生東路二段 141 號 8 樓
電話：02-25007008　　傳真：02-25027676
E-mail：H2O@cite.com.tw　　Blog：http:citeh2o.pixnet.net/blog/
FB 粉絲專頁：https://www.facebook.com/citeh2o/

發　　　　行　／　英屬蓋曼群島商家庭傳媒股份有限公司城邦分公司
台北市中山區民生東路二段 141 號 11 樓
書虫客服服務專線：02-25007718 · 02-25007719
24 小時傳真服務：02-25001990 · 02-25001991
服務時間：週一至週五 09:30-12:00 · 13:30-17:00
讀者服務信箱 email：service@readingclub.com.tw

劃 撥 帳 號　／　19863813　　戶名：書虫股份有限公司
香 港 發 行 所　／　城邦（香港）出版集團有限公司
地址：香港灣仔駱克道 193 號東超商業中心 1 樓
Email：hkcite@biznetvigator.com
電話：(852)25086231　　傳真：(852) 25789337

馬 新 發 行 所　／　城邦（馬新）出版集團 Cite (Malaysia) Sdn. Bhd.
41, Jalan Radin Anum, Bandar Baru Sri Petaling,
57000 Kuala Lumpur, Malaysia.
電話：(603) 90578822　　傳真：(603) 90576622
電郵：cite@cite.com.my

美 術 設 計	／	陳育彤
攝　　　　影	／	周禎和
製 版 印 刷	／	卡樂彩色製版印刷有限公司

城邦讀書花園
www.cite.com.tw

初　　　　版	／	2022 年 2 月 10 日
定　　　　價	／	550 元

ISBN 978-626-95643-4-7